"十四五"职业教育国家规划教材

中等职业教育课程改革国家规划新教材

全国中等职业教育教材审定委员会审定

电工技术基础与技能

（电类专业通用）

（第二版）

赵争召　刘晓书　主编

曾祥富　主审

科学出版社

北京

内 容 简 介

《电工技术基础与技能（电类专业通用）》是中等职业教育课程改革国家规划新教材，根据教育部 2009 年颁布的《中等职业学校电工技术基础与技能教学大纲》编写，经全国中等职业教育教材审定委员会审定通过。本书是修订后的第二版《电工技术基础与技能（电类专业通用）》。

本书共5个单元，分别介绍了安全用电常识、直流电路、电容和电感、单相正弦交流电路和三相正弦交流电路的基本知识，同时安排了一个综合实训项目。

本书是理论与实训相结合的一体化教材。在基础知识的传授上强化了"做中学"的指导思想；在基本技能的训练上，以项目、任务为载体，按照大纲要求本书共设计了5个"实训项目"、1个"综合实训"和8个"实践活动"，通过设计安排"知识窗"和"小实验"等板块，强化和巩固了基础知识的学习。

本书可作为中等职业学校电类各专业的通用教材，也可供电工电子技术初学者参考。

图书在版编目（CIP）数据

电工技术基础与技能：电类专业通用／赵争召，刘晓书主编．—2版．
—北京：科学出版社，2019.11（2024.7修订）
ISBN 978-7-03-063412-2

Ⅰ．①电… Ⅱ．①赵… ②刘… Ⅲ．①电工技术－中等专业学校－教材 Ⅳ．①TM

中国版本图书馆CIP数据核字(2019)第255563号

责任编辑：张振华／责任校对：马英菊
责任印制：吕春珉／封面设计：东方人华平面设计部

科学出版社 出版
北京东黄城根北街16号
邮政编码：100717
http://www.sciencep.com
天津市新科印刷有限公司印刷
科学出版社发行　各地新华书店经销
*

2010年 6 月第　一　版	开本：787×1092　1/16
2019年11月第　二　版	印张：15 1/4
2024年 7 月第二十二次印刷	字数：320 000

定价：46.00元

（如有印装质量问题，我社负责调换）
销售部电话 010-62136230　编辑部电话 010-62135120-2005

版权所有，侵权必究

本书编审人员

顾　　问：邓泽民　教育部职业技术教育中心研究所，教授

主　　编：赵争召　重庆市渝北职业教育中心，高级讲师
　　　　　刘晓书　重庆市科能高级技工学校，高级讲师

副 主 编：蒋　峰　上海市航空服务学校，高级讲师
　　　　　李　动　衡水科技工程学校（衡水技师学院），高级实习指导教师
　　　　　王德璋　新疆轻工职业技术学院，副教授
　　　　　乐发明　重庆市梁平职业教育中心，高级讲师
　　　　　李绍文　贵港市职业教育中心，高级讲师
　　　　　崔金辉　本溪市机电工程学校，高级讲师

参　　编：郭　建　重庆市荣昌区职业教育中心，高级讲师
　　　　　王华斌　四川长虹电子集团，高级技师
　　　　　王亚琴　衢州中等专业学校，高级讲师
　　　　　陈克香　集美工业学校，高级讲师
　　　　　王　毅　重庆科能高级技工学校，高级讲师
　　　　　覃世燕　贵港市职业教育中心，高级讲师
　　　　　卢民积　广西钦州市灵山县职业教育中心，高级讲师
　　　　　胡　萍　重庆市渝北职业教育中心，讲师
　　　　　李　杰　重庆市龙门浩职业中学校，讲师
　　　　　罗辛梅　重庆市龙门浩职业中学校，讲师

主　　审：曾祥富　重庆市渝北职业教育中心，研究员

前言

《电工电子技术基础与技能（电类专业通用）》是按照教育部颁发的《中等职业学校电工技术基础与技能教学大纲》（以下简称《大纲》）进行编写的，先后被教育部评为中等职业教育课程改革国家规划新教材、"十三五"职业教育国家规划教材、"十四五"职业教育国家规划教材。多年来，本书受到广大读者的普遍欢迎，许多热心读者在使用本书后提出了宝贵的修订建议。

党的二十大报告深刻指出："加快建设国家战略人才力量，努力培养造就更多大师、战略科学家、一流科技领军人才和创新团队、青年科技人才、卓越工程师、大国工匠、高技能人才。"为了深入贯彻落实二十大报告精神，编者根据二十大报告和《职业院校教材管理办法》《高等学校课程思政建设指导纲要》《"十四五"职业教育规划教材建设实施方案》等相关文件精神，对本书内容做了更新、完善等修订工作。

在修订过程中，编者紧紧围绕"培养什么人、怎样培养人、为谁培养人"这一教育的根本问题，以落实立德树人为根本任务，以学生综合职业能力培养为中心，以培养卓越工程师、大国工匠、高技能人才为目标。通过这次修订，本书的体例更加合理和统一，概念阐述更加严谨和科学，内容重点更加突出，文字表达更加简明易懂，工程案例和思政元素更加丰富，配套资源更加完善。具体而言，主要具有以下几个方面的突出特点。

1. 校企"双元"联合开发，行业特色鲜明

本书在行业、企业专家和课程开发专家联合指导下，由校企"双元"联合开发，行业特点鲜明。编者均来自教学或企业一线，具有多年的教学或实践经验，在编写本书的过程中，编者能紧扣该专业的培养目标，遵循教育教学规律和技术技能人才培养规律，将产业发展的新知识、新技术、新工艺、新规范和技能大赛要求的知识、能力、素养等融入教材，符合当前企业对人才综合素质的要求。

2. 对接职业标准，体现"岗课赛证"融通

在内容的选取上，坚持体现职业的需求和行业发展的趋势，与技术标准、技术发展及产业实际紧密联系，以能力为本位，贴近实际工作过程；注重新知识、新技术、新工艺、新规范的内容讲解，努力体现职业教育改革的取向和课程内容知识与技术的创新，以及与职业活动的对接；力求与电类行业的职业规范、中级电工职业技能鉴定标准与技能大赛要求的对接，以实现职业教育"双证制度"的紧密接合，体现"岗课赛证"融通。

3. 强调"工学结合"，理论和实践并重

在教材体系设计上，针对本课程的平台性基础课程的定位，在坚持知识和技能内容科学性的基础上，以《大纲》要求为主线，进行相关知识和技能的梳理与整合，努力实现中等职业教育教学中，教学内容组织安排的合理性、实用性和适用性，以适应中职学生的身心发展规律，并以此为原则，构建了符合大纲规定，理论知识学习与技能培养相互融合、双向互动的教材体系架构：

一是在教材的内容上强化了"做中学"的指导思想，针对课程的性质和定位，设计了《大纲》规定的"实训项目"和"实践活动"；在理论知识引入时，设计了"小实验""看一看，找一找"等活动，以帮助学生理解课程内容的理论知识，懂得"是什么，有什么用"。对于一些难以理解，又必须理解和掌握的相关知识，我们设计了可供师生动手实践的"仿真实验"，把抽象的原理、定理转变为直观形象教学，使教材的呈现充分体现了职业教育"做中学"的基本理念。

二是本教材按照《大纲》要求，共设计安排了5个"实训项目"，1个"综合实训"和8个"实践活动"，并遵循从感知到认知的学习过程，设计安排了"知识窗"（生活案例）（9个）、"小实验"（15个）和"仿真实验"（12个），强化通过案例、实验和实践活动进行理论知识学习。与此同时，为了有利于学生的接受、理解与记忆，设计了"动脑筋""巩固训练""巩固与应用"，强化和巩固所学的知识与技能。

本教材所设计的"仿真实验"，使用的是应用广泛的EWB教学仿真软件，其3.0、5.0、7.0、9.0等版本均适用，便于各地区各学校使用。

4. 形式灵活新颖，体现以人为本

本书切实从职业院校学生的实际出发，以浅显易懂的语言和丰富的图示来进行说明，对需要引起学生重视的内容，加入"关键与要点""特别提示"等学习和阅读提示，激发学生的学习兴趣，提升其自我学习能力。

在版面设计上，对于《大纲》规定的理论知识内容，采用了偏版心设计，留出了部分版面空间，供学生在学习过程中，课前、课后或随堂记笔记，既活跃了版面，又方便了学习。

5. 融入思政元素，落实课程思政

为落实立德树人根本任务，充分发挥教材承载的思政教育功能，本书凝练思政要素，融入精益化生产管理理念，将安全意识、质量意识、职业素养、工匠精神的培养与教材的内容相结合，使学生在学习专业知识的同时，潜移默化地提升思想政治素养。

6. 配套立体化资源，适宜信息化教学

为方便教学，本书穿插有二维码资源链接，且配有教学的执行方案、教学资源包，包括多媒体课件、试题库，实践与实训技能操作的图形、图像以及声像视频，可按照书后所提供的登录网站进入科学出版社的教学资源网络平台进行下载。该平台是教师教学、学生学习、教师开展网上互动的重要园地，为教师备课、学生自学提供了拓展空间。

完成本课程教学所需学时为88学时，其学时安排建议方案如下表所列。

模块	教学内容	建议学时	合计学时
基础（必学）模块	课程导入准备	6	68
	直流电路	18	
	电容和电感	11	
	单相正弦交流电路	26	
	三相正弦交流电路	7	
拓展（选学）模块	互感	3	20
	谐振	3	
	三相负载	4	
	磁性材料	3	
	综合实训	7	

在本教材的编写过程中，我们得到了教育部职业技术教育中心研究所和重庆机电控股（集团）公司的指导和支持。在此表示由衷的敬意和诚挚的感谢。

由于编者水平有限，书中不足之处在所难免，恳请读者批评、指正。

目 录

单元 1　课程导入准备　1

1.1　参观并初识电工实训室　2
1.1.1　实训室操作台交、直流供电系统　2
1.1.2　认识常用电工工具和仪器、仪表　3
1.1.3　电工实训室安全操作规程　4

1.2　安全用电常识　6
1.2.1　安全电压　6
1.2.2　人体触电类型及常见的原因　6
1.2.3　预防触电的保护措施　8

1.3　常用电气操作安全要求　10
1.3.1　文明操作的相关安全要求　10
1.3.2　操作技术的相关安全要求　11
1.3.3　电气设备安装维修的相关安全要求　12
1.3.4　家庭用电的相关安全要求　12

1.4　触电的现场处理措施　13
1.4.1　使触电者尽快脱离电源　13
1.4.2　初步判断触电者的受伤程度　14
1.4.3　人工呼吸法　15

1.5　电气火灾的扑救　18

巩固与应用　19

目录

单元 2 直流电路 21

- 2.1 电路的组成与电路模型 22
  - 2.1.1 电路的组成 22
  - 2.1.2 电路模型 23
- 2.2 电路的基本物理量及其测量 26
  - 2.2.1 电流 27
  - 2.2.2 电动势、电位与电压 28
  - 2.2.3 电能和电功率 29
- 实践活动：万用表的使用 31
- 实践活动：用指针式万用表测量直流电压和直流电流 33
- 2.3 电阻的识别和测量 35
  - 2.3.1 电阻与电阻定律 35
  - 2.3.2 电阻的种类及识别 37
- 实践活动：直流电阻的检测——用万用表检测普通阻值电阻 41
- 知识拓展　用兆欧表和直流双臂电桥检测直流电阻的方法 42
- 2.4 欧姆定律 46
  - 2.4.1 部分电路的欧姆定律 47
  - 2.4.2 全电路欧姆定律 47
- 2.5 电阻的串联与并联 48
  - 2.5.1 电阻串联 48
  - 2.5.2 电阻并联 50
  - 2.5.3 串并联等效电阻的计算方法 51
- 2.6 基尔霍夫定律及其应用 54
  - 2.6.1 基尔霍夫第一定律 54
  - 2.6.2 基尔霍夫第二定律 55
  - 2.6.3 基尔霍夫定律在电路计算中的应用——支路电流法 56
- 知识拓展　负载获得最大功率 57
- 实训项目1　常用电工材料与导线的连接 59
- 实训项目2　电阻性电路故障的检查 71
- 巩固与应用 77

单元 3　电容和电感　79

- 3.1　电容器与电容……………………………………………………80
  - 3.1.1　认识电容器………………………………………………81
  - 3.1.2　常用电容器的种类与外形…………………………………83
  - 3.1.3　电容器的主要技术参数及其识读…………………………84
- 3.2　电容器的串并联及其应用………………………………………86
  - 3.2.1　电容器的并联及其应用……………………………………86
  - 3.2.2　电容器的串联及其应用……………………………………87
- 3.3　电容器的充放电…………………………………………………89
- 实践活动：用万用表检测电容器质量与电容器充放电现象观察………91
- 3.4　磁场及其基本物理量……………………………………………93
  - 3.4.1　磁场及其在工程技术上的应用……………………………93
  - 3.4.2　磁场的基本物理量…………………………………………95
  - 3.4.3　磁场对载流导体的作用……………………………………98
- 知识拓展　磁性材料与磁路…………………………………………100
- 3.5　电磁感应与楞次定律……………………………………………105
  - 3.5.1　认识电磁感应现象…………………………………………105
  - 3.5.2　电磁感应定律………………………………………………106
- 知识拓展　涡流的预防与利用………………………………………109
- 3.6　电感………………………………………………………………110
  - 3.6.1　认识电感器…………………………………………………111
  - 3.6.2　自感现象……………………………………………………111
  - 3.6.3　电感的参数与电感器选用识别……………………………113
- 实践活动：用万用表欧姆挡判断电感器的质量……………………114
- 知识拓展　互感现象及其在工程上的应用…………………………115
- 巩固与应用…………………………………………………………119

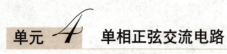

目　录

单元 4　单相正弦交流电路 ··· 121

实训项目3　单相正弦交流电的认识 ··· 124

4.1　正弦交流电的基本物理量 ··· 130
- 4.1.1　交流电的变化规律 ··· 130
- 4.1.2　交流电解析式与波形图之间的关系 ··· 131
- 4.1.3　交流电的相关物理量及三要素 ··· 132

4.2　正弦交流电的表示法 ··· 137
- 4.2.1　解析法 ··· 137
- 4.2.2　图像法 ··· 137
- 4.2.3　旋转矢量法 ··· 138

4.3　单一参数交流电路 ··· 141
- 4.3.1　纯电阻电路 ··· 141
- 4.3.2　纯电感电路 ··· 143
- 4.3.3　纯电容电路 ··· 147

实践活动： 用信号发生器、示波器和毫伏表测量交流电 ··· 152

4.4　串联交流电路 ··· 158
- 4.4.1　电阻、电感串联电路（RL串联电路） ··· 158
- 4.4.2　电阻、电容串联电路（RC串联电路） ··· 162
- 4.4.3　电阻、电感和电容串联电路（RLC串联电路） ··· 165

4.5　交流电路的功率 ··· 169
- 4.5.1　交流电路功率的概念与计算 ··· 169
- 4.5.2　功率因数 ··· 170
- 4.5.3　提高功率因数的意义和方法 ··· 171

实践活动： 交流串联电路中的电压、电流相位差的观察
与分析 ··· 172

4.6　电能的测量与节能 ··· 174
- 4.6.1　电能测量仪表的应用 ··· 174
- 4.6.2　新型电能表简介 ··· 175
- 4.6.3　节约用电技术 ··· 175

知识拓展　串联谐振电路 ··· 176

巩固与应用 ··· 179

实训项目4　常用电光源的认识与荧光灯的安装······182

实训项目5　照明电路配电板的安装······195

单元 5　三相正弦交流电路　199

5.1　三相交流电源······200

    5.1.1　三相正弦交流电源的典型结构、相序······200

    5.1.2　三相四线制电源······202

    5.1.3　我国电力系统的供电制式······203

*5.2　三相负载的星形接法······204

    5.2.1　电路的联结形式······204

    5.2.2　三相负载中的电流······205

*5.3　三相负载的三角形接法······206

    5.3.1　电路的联结方式······206

    5.3.2　三相负载中的电流······207

知识拓展　中性线的作用和电路的功率······208

实践活动：三相负载星形联结时电压、电流的测试······212

巩固与应用······215

综合实训　万用表的组装与调试　217

巩固与应用······227

主要参考文献　228

实训项目与实践活动目录

　　实践活动：万用表的使用 …………………………………………………… 31

　　实践活动：用指针式万用表测量直流电压和直流电流 ………………… 33

　　实践活动：直流电阻的检测——用万用表检测普通阻值电阻 ………… 41

实训项目1　常用电工材料与导线的连接 …………………………………… 59

实训项目2　电阻性电路故障的检查 ………………………………………… 71

　　实践活动：用万用表检测电容器质量与电容器充放电现象观察 ……… 91

　　实践活动：用万用表欧姆挡判断电感器的质量 ………………………… 114

实训项目3　单相正弦交流电的认识 ………………………………………… 124

　　实践活动：用信号发生器、示波器和毫伏表测量交流电 ……………… 152

　　实践活动：交流串联电路中的电压、电流相位差的观察与分析 ……… 172

实训项目4　常用电光源的认识与荧光灯的安装 …………………………… 182

实训项目5　照明电路配电板的安装 ………………………………………… 195

　　实践活动：三相负载星形联结时电压、电流的测试 …………………… 212

综合实训　万用表的组装与调试 ……………………………………………… 217

单元 1
课程导入准备

单元学习目标

知识目标

1. 了解实训室及操作台交、直流供电系统的电源配置。
2. 认识常用电工工具、仪器和仪表,以及它们的作用。
3. 谨记电工实训室安全操作规程、安全电压等安全用电常识,包括人体触电类型及常见原因。
4. 谨记电气火灾的防范及扑救常识。
5. 掌握预防触电的保护措施。
6. 了解保护接地原理。
7. 掌握保护接零的方法并了解其在技术中的应用。
8. 了解电气安全操作规程。

能力目标

1. 认识实验台上的交、直流供电的相关配置,正确识别常用电工工具、仪器和仪表,以及它们的作用。
2. 懂得遵守实训室安全操作规程的重要性。
3. 掌握安全用电常识及触电预防措施等。
4. 在电气操作中会保护人身和设备安全,防止触电事故发生。
5. 初步掌握触电现场的常用救护措施与处理方法。

思政目标

1. 树立正确的学习观、价值观,自觉践行行业道德规范。
2. 遵规守纪,安全操作,爱护设备,钻研技术。

单元 1　课程导入准备

1.1 参观并初识电工实训室

电工实训室是学习电工知识、训练职业技能的重要场所。在中等职业教育阶段，我们会有较多时间在实训室里操作。了解和熟悉实训室，是学好本课程的先决条件。那么就先看看我们自己的实训室吧！

1.1.1 实训室操作台交、直流供电系统

图1.1　电工实训室的实训操作台

先整体参观电工实训室，对电工实训室的布局、设备设施有一个初步的印象，图1.1是电工实训室的实训操作台。

电工实训室的每个工位都有实训操作台，实训操作台上装有交流、直流电源，输出电压显示表，输出电流显示表，还有漏电保护装置等。它们构成了交、直流供电系统。电工实训室操作台上的交、直流供电系统是怎样配置的呢？图1.2(a)就是实训室交、直流供电系统的总控制台面板。图1.2(b)是交流电压的输入控制面板，图1.2(c)则是交、直流电源混合输出控制面板，通过面板开关和调控器件的调整，它可以提供实训中所需要的多种不同的交、直流电压。这些是电工实训室的主要设备。

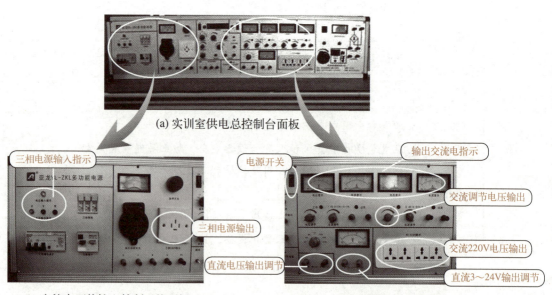

(a) 实训室供电总控制台面板

(b) 交流电压的输入控制系统面板　　(c) 交、直流电源混合输出面板

图1.2　实训室电源操作控制台

1.1.2 认识常用电工工具和仪器、仪表

1. 电工工具

电工工具是电气操作的基本工具。工具不合规格、质量不好或使用不当,都将影响施工质量、降低工作效率,甚至造成事故。电气操作人员必须掌握电工常用工具的结构、性能和正确的使用方法。常用电工通用工具如图 1.3 所示。

图 1.3 常用电工通用工具

在图 1.3 中,从左至右依次是:

一字形、十字形螺钉旋具:用于旋动螺钉 [图 1.3(a)];

钢丝钳:用于剪切导线、金属丝、剥削导线绝缘层、起拔螺钉等 [图 1.3(b)];

尖嘴钳:用于在较狭小空间操作及钳夹小零件、金属丝等 [图 1.3(c)];

剥线钳:剥削导线线头绝缘层 [图 1.3(d)];

扳手:用于旋动带角的螺母 [图 1.3(e)];

电工刀:剥削导线绝缘层,削制其他物品 [图 1.3(f)];

电烙铁:焊接电路、元器件 [图 1.3(g)];

试电笔:左边一支为氖管式,右边一支为数字式,用于检验线路和电器是否带电 [图 1.3(h)]。

2. 电工仪器、仪表

在电工实训中,电工测量是不可缺少的一个重要组成部分,它的主要任务是借助各种电工仪器、仪表,对电气设备或电路的相关物理量进行测量,以便了解和掌握电气设备的特性和运行情况,检查电气元器件质量的好坏。可见,认识并正确掌握电工仪器、仪表的使用方法是十分重要的。

常用电工仪器、仪表见表 1.1。

表1.1 常用电工仪器、仪表

仪器仪表	设备图示	功能及用途
万用表	 指针式万用表 　　数字式万用表	万用表又称多用表、三用表、复用表，是一种多功能、多量程的便携式电工仪表。一般万用表可测量直流电流、直流电压、交流电压、电阻和音频电平等，有些万用表还可测量电容、晶体管共发射极直流放大系数 h_{FE} 等
示波器		通过显示屏显示被测信号的波形，测出信号、电压幅度和周期，也可以从双通道的输入完成信号的比较（如：相位与相位差的比较）
钳形电流表		主要用于在不剪断导线的情况下直接测量电路中的交流电流。使用中只要选好量程，将待测电流的导线穿过钳口中间即可读数
信号发生器	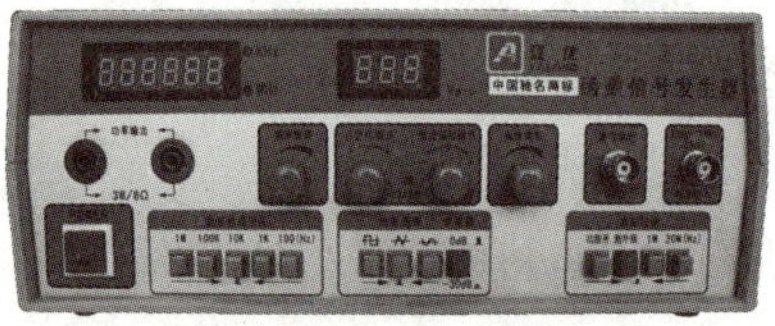	信号发生器又称信号源或振荡器，在生产实践和科技领域中有着广泛的应用。能够产生多种波形，如三角波、锯齿波、矩形波（含方波）、正弦波等信号。左图是函数信号发生器。函数信号发生器在电路实验和设备检测中具有十分广泛的用途
毫伏表	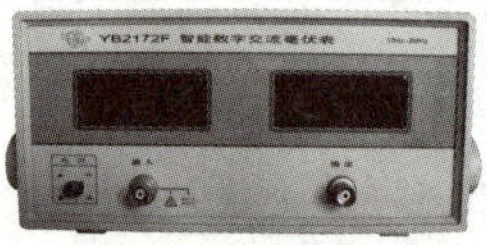	测量交流电压信号的大小

1.1.3　电工实训室安全操作规程

在电工实训中，安全操作规程是保护人身与设备安全、确保实训顺利进行的重要制度。进入实训室后要严格按照电工实训室安全操作规程开展实训，否则将危及自身或他人人身安全、财产安全。电工实训室常用安全操作规程如下。

电工实训室安全操作规程

1. 学生进入实训室后,要服从实训指导教师安排,自觉进入指定的工位,不得私自调换工位。未经同意,不得擅自动用设备、工具和器材。
2. 工作前必须检查工具、测量仪器、仪表和防护用品是否完好。
3. 室内的任何电气设备,未经验电,一律视为有电,不准用手触及。任何接、拆线操作都必须切断电源后方可进行。
4. 动力配电箱的刀开关,严禁带负荷拉开。
5. 带电工作,要在有经验的实训指导教师或电工监护下,并用绝缘垫、云母板、绝缘板等将带电体隔开后,方可带电工作。带电工作时必须穿好防护用品,使用有绝缘柄的工具工作,严禁使用锉刀、钢尺等导电工具。
6. 电气设备金属外壳必须妥善接地,接地电阻要符合标准,所有电气设备都不准断开外壳接地线或接中性线。
7. 电器或线路拆除后,可能带电的线头必须及时用绝缘带包扎好,高压电器拆除后遗留线头必须短路接地。
8. 高空作业时,要系好安全带。使用梯子时,梯子与地面角度以60°为宜,在水泥地上使用梯子要有防滑措施。
9. 使用电动工具时,要戴绝缘手套,站在绝缘物上工作。
10. 电机、电器检修完工后,要仔细检查是否有错误和遗忘的地方,必须清点工具和零件,以防遗留在设备内造成事故。
11. 动力配电盘、配电箱、开关、变压器等各种电气设备周围不准堆放任何易燃、易爆、潮湿或其他影响操作的物品。
12. 电气设备发生火灾,未切断电源,严禁用水灭火。
13. 若发生事故,要认真分析与查清原因,明确责任,落实防范措施,填好事故报告,并上报指导教师和相关部门。
14. 准确及时填写实训报告,做好相关记录。

安全操作规程真的是很重要的哦!

1.2 安全用电常识

现代生活中,电已是人们生活、工作和生产不可缺少的能源,但如果不了解安全用电常识,很容易造成电器损坏,引起电气火灾,给人们的生命或财产带来不必要的损失,因此了解安全用电常识是非常重要的。

1.2.1 安全电压

电压越高对人体的危险越大。什么样的电压才是安全的呢?安全电压是指较长时间接触而不致使人致死或致残的电压。

国家标准《特低电压(ELV)限值》(GB/T 3805—2008)规定我国安全电压额定值常用等级为42V、36V、24V和12V四个等级。工程上应根据作业场所(表1.2)、操作条件、使用方式、供电方式、线路状况等因素恰当选用。

特别提示:我们日常生活用电电压是220V,工业生产中的动力用电的电压是380V,这样的电都是非常危险的。用电时要特别注意安全规范。

表1.2 常用安全电压等级及适用场合

等级	适用场合
42V	在有触电危险的场所使用的移动家用电器、手持式电动工具等
36V	潮湿场所,如矿井、地下室、地道、多导电粉尘及类似场所使用的电气线路、照明灯及其他用电器具
24V	工作空间狭窄,操作者易大面积接触带电体的场所,如锅炉、金属容器内、大型金属管道内
12V	因工作需要,人体必须长期带电触及电气线路或设备的场所

1.2.2 人体触电类型及常见的原因

1. 人体触电类型

人体触电是指人体某些部位接触带电物体,人体与带电体或与大地之间形成电流通路,并有电流流经人体的过程。根据人体接触带电体的具体情况,可分为三种触电类型,分别称为单相触电、两相触电、跨步电压触电(图1.4)。

(1)单相触电

单相触电指人站在地面上,身体的某一部位触及一相带电体,电流通过人体流入大地的触电方式。

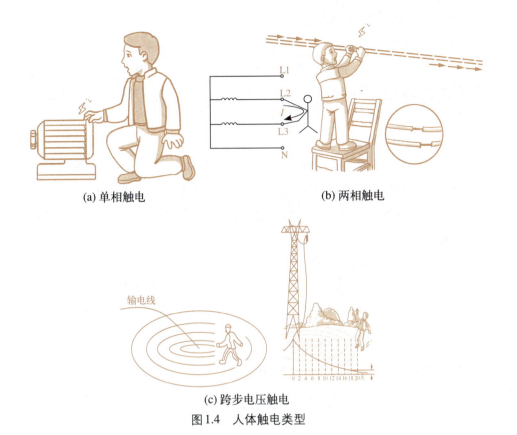

(a) 单相触电　　(b) 两相触电

(c) 跨步电压触电

图1.4　人体触电类型

(2) 两相触电

两相触电指人体两个不同部位同时触碰到同一电源的两相带电体，电流经人体从一相流入另一相的触电方式。显然，这种触电方式是相当危险的，因为两相间的电压比单相触电电压高得多。

(3) 跨步电压触电

跨步电压触电指人进入发生接地的高压散流场所时，因两脚所处的电位不同产生电位差，使电流从一脚流经人体后，从另一脚流出的触电方式。

2. 人体触电的常见原因

在电气操作和日常用电中，因为场所、条件的不同，发生触电的原因多种多样。生产和生活中发生触电的原因可归纳为以下四种类型。

(1) 电气操作制度不严格、不健全或不遵守规章制度

检修电路和电器时使用不合格的工具，没有切实的安全措施；人体与带电体距离过近时无可靠的绝缘措施或屏蔽措施；停电检修时在电源分断处不挂"有人操作，禁止合闸"之类的警告牌；救护触电者时，自己不采取切实的保护措施；不熟悉电路和电器，盲目修理；带电操作时

不采取有效的保护措施等。

(2) 用电设备不合要求

电器内部绝缘损坏,金属外壳又没有采用保护接地或保护接零措施,人体经常接触的电器如开关、灯具、移动式电器外壳破损,失去保护作用;存放过久的电器未经检验就勉强使用。

(3) 用电不谨慎

违反电气安全规程,随意拉接电线;随意加大熔断器熔丝规格或用其他金属丝代替原配套熔丝;在电线,特别是高压线附近放风筝、打鸟,在电线杆上拴牲口;未切断电源便移动家用电器;做清洁时用湿布擦拭甚至用水冲洗电器和线路等。

(4) 线路敷设不合规格

室内外导线对地、对建筑物的距离以及导线之间的距离小于允许值,一旦导线受到风吹或其他机械力,可能使相线碰触人或墙体,导致触电。

1.2.3 预防触电的保护措施

预防触电措施很多,归纳起来有以下六种类型。

1. 间距措施

为避免人、畜过分接近带电体,防止电气火灾和电器之间因距离过近发生放电,保证操作和维修人员工作的安全方便,在带电体与地之间、带电体与带电体之间、带电体与其他设备之间,均应保持一定的安全距离,称为间距措施。在施工中要按照用电安全规范的要求,采用间距措施。

2. 绝缘措施

用绝缘材料将电器或线路的带电部分保护起来的措施称为绝缘措施。良好的绝缘措施是保证电气设备和线路正常运行和预防触电的重要举措。

3. 屏护措施

用屏护装置将带电体与外界隔离,以杜绝安全隐患的措施称为屏护措施。如常用的电气设备的绝缘外壳、金属外壳、金属网罩、栅栏、变压器周围的围栏等都是屏护装置。

4. 自动断电措施

在电气设备前端的控制电路上设置如漏电保护、过电流保护、短路或过载保护、欠电压保护等装置,一旦设备或线路异常,这些装置将动作,自动切断电路而起保护作用。如现代家庭装修的电路上,总开关都用断路器,插头也选用漏电自动断电插头,一旦电路异常,它们都会自动切断电路,保护人身和设备安全。

5. 保护接地措施

电气设备的金属外壳都是与内部的带电部分绝缘的,在正常情况下不带电。一旦金属外壳与内部带电体之间的绝缘损坏,就会导致金属外壳带电,人接触它便会触电。为了预防这类触电事故的发生,将电气设备的金属外壳以及与外壳相连的金属构架与大地做可靠的电气连接,起保护人身安全的作用,这就是安全用电中的保护接地措施。

保护接地是怎样实现保护人身安全的呢?如果是一台没有保护接地装置的电动机,当它的内部绝缘损坏致使外壳带电时,人体一旦接触,就通过人体连通了由带电金属外壳与大地之间的电流通路,金属外壳上的电流经人体流入大地而使人触电,如图1.5所示。

将电动机的金属外壳用导线与大地做可靠的电气连接(图1.6)后,如果这台电动机绝缘损坏使金属外壳带电,当人体接触它时,金属外壳与大地之间将形成两条并联电流通路:一条是通过保护接地线将电流泄放到大地,另一条是通过人体将电流泄放到大地。在这两条并联电路中,保护接地线电阻很小,通常只有4Ω左右,而人体电阻超过500Ω。根据并联电路中电流与电阻成反比的原理,人体所通过的电流就大大小于通过保护接地线的电流,这时人体就没有触电的感觉。再则,由于保护接地线电阻太小,对电动机与大地之间接近于短路,所以将有大电流通过保护接地线,这种大电流会使电路中的保护设备动作,自动切断电路,从另一层面上保护了人身与设备的安全。

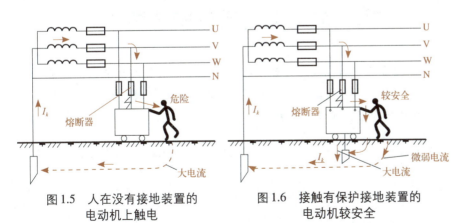

图1.5 人在没有接地装置的电动机上触电

图1.6 接触有保护接地装置的电动机较安全

6. 保护接零措施

保护接零适用于380V/220V的三相四线制中性点接地的供用电系

统，它的保护原理如图1.7所示。它与保护接地的区别是，电气设备的金属外壳不直接接地，而是与供用电系统（即三相四线制系统）的中性线相接。当电气设备绝缘损坏，金属外壳带电时，由于保护接零的导线电阻很小，相当于对中性线短路，这种很大的短路电流将使线路的保护装置迅速动作，切断电路，既保护了人身安全又保护了设备安全。

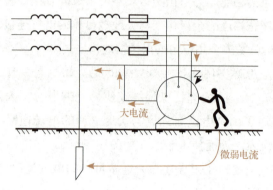

图1.7　保护接零的保护原理

动脑筋

1. 在生活中你见过哪些电气设备上使用了保护接地装置？它们是怎样与大地连接的？加了保护接地装置后为什么不会触电？

2. 在家庭用电的单相交流电路中，无论是三孔插座还是三脚插头，它们多用于保护接地还是保护接零？为什么？

3. 保护接地与保护接零为什么能起保护作用？

1.3　常用电气操作安全要求

在电气安全技术方面，对电气线路和设备的安全操作规程详细而具体。这里我们只把实训室和一般电气操作所涉及的电气操作安全要求做一简单介绍。

1.3.1　文明操作的相关安全要求

1) 不具备电气操作知识和技能的人员，不得从事电气操作。

2) 工作严肃认真、小心谨慎。爱护工具、仪器、仪表、设备、器材，具有高度的责任感。

3) 工作场地经常保持清洁、整齐，保持符合电气操作的安全环境，工具摆放符合要求。

4) 工作时要求穿长袖衣服，戴绝缘手套，使用绝缘工具，站在绝缘板上作业。对相邻带电体和接地金属体应用绝缘板隔开。

5) 电工工具、仪器、仪表和器材选择符合操作要求。

6) 有团队合作精神，与从事相关作业的同事配合默契、互相支持。

7) 操作结束后认真清点工具器材，严防工具、器材遗留在设备内和电线杆塔上。

8) 定期检查电工工具和防护用品的绝缘性能，对不合要求的必须及时更换。

9) 在需要切断故障区域电源时，应认真策划，尽量只切断故障区域分路开关，力求缩小停电范围。

1.3.2 操作技术的相关安全要求

1) 严禁检修运行中的电气设备，检修前必须切断电源，经检验设备和线路确实无电方可开展工作。如果一次任务未完，下次检修前，必须重新检查电源是否断开，检验设备和线路是否确实无电。

2) 必须带电操作时，要经过批准，并有专人监护和切实的保护措施。

3) 使用梯子登高操作时，梯子与地面间的角度应保持在60°左右，在水泥地面操作时，还应具有防滑措施。

4) 发生电气火灾时，首先切断电源，用二氧化碳灭火器或干粉灭火器扑灭电气火灾，严禁使用水和泡沫灭火器。

5) 停电操作时，应悬挂安全警示牌，严格遵守停电操作规定，切实做好突然来电的防护措施。停电时在分断电源开关后，必须用试电笔检验开关的输出端，确认无电后方可操作。

6) 在临近带电体的地方操作时，必须保持足够的安全距离。

7) 总开关操作要求：分断电源时，先分断负荷开关，再分断隔离开关；接通电源时，先闭合隔离开关，再闭合负荷开关。

8) 对出现故障的设备和线路，不能将就使用，必须及时检修或换新。

9) 不可用湿手接触和用湿布擦拭带电电器。

10) 电机和其他电气设备上及其附近不得放置杂物。

11) 在潮湿环境中使用移动电器时，应选用额定电压为相应安全电压等级的低压电器。在金属容器内，管道内施工和使用移动电器时，还应选用额定电压为12V的低压电器。

12）雷雨时不得行走和停留在高压电杆、铁塔附近和有避雷器的区域。高压线断落在身边或在避雷器下面遇到雷电时，应单脚或双脚并拢跳离危险区域。

1.3.3　电气设备安装维修的相关安全要求

1）电气设备的金属外壳必须可靠接地或接零。严禁切断电气设备的保护接地线或保护接中性线。在单相电气设备中应使用有接地或接零的三脚插头和三孔插座，但要注意不得将金属外壳的保护接地或接中性线与工作接地线并在一起插入插座。同理，在三相电路中要选用四脚插头和四孔插座。

2）拆除电气设备后，对还需继续供电的线路，必须处理好线头的绝缘。

3）熔断器的容量必须与它所保护的电气设备最大容量相适应，不得随意增大或减小。

4）在插座上取电时，注意用电器的最大电流不得大于插座的允许电流。

5）所有用电器的开关和熔断器必须安装在相线上。

6）对照明器具，必须保持对地安全距离不小于如下值：拉线开关1.8m，墙壁开关1.3m，居民生活用灯头1.8m，办公桌、商店柜台上方吊灯头1.5m；特别潮湿、危险环境、户外灯及生产车间的吊灯2.5 m。

7）36V及以下的低压线路上使用的插座必须与高压线路上使用的插座有明显区别。可以选用无法插入高压插座内的低压插头。

1.3.4　家庭用电的相关安全要求

1）新购的任何家用电器，必须认真阅读使用说明书，在未掌握使用方法和安全要求前，不得轻易使用。

2）使用单相电器时，力求选用三脚插头和配套三孔插座。其中上方的专用插孔应妥善接地或接零。

3）对产生有害辐射的电器，如微波炉、电磁炉等，使用人员应保持说明书规定的安全距离。

4）使用电热器具，必须有人监护，人员离开时应切断电源。对工作温度高的电器，附近不得存放易燃物品。

5）不得移动运行中的电器。若必须移动，应先关闭电源，拔下插头。

6）较长时间不用的电器，应拔下电源插头。对于连接天线和互联网的电器，如电视机、计算机等，在雷雨季节，不用时必须拔下电源插头、天线或网线插头。

7) 电器出现异常温度、响声、气味时，应立即切断电源。

动脑筋

1. 请统计，你家里哪些电器用三脚插头？哪些用两脚插头？思考其原因。
2. 请调查，除电磁炉、微波炉外，还有哪些家用电器会产生有害辐射？

1.4 触电的现场处理措施

在电气操作和日常的生活用电中，虽然我们十分强调安全用电，但要绝对避免触电事故的发生还是有难度的。从事电类技术的人员除了掌握一般安全用电知识外，还必须具备触电现场的抢救知识和技能。在本节，我们将从以下三个方面探究触电现场的抢救措施：

1. 使触电者尽快脱离电源；
2. 初步判断触电者受伤程度；
3. 人工呼吸法。

1.4.1 使触电者尽快脱离电源

发现有人触电时，最关键、最首要的措施是使触电者尽快脱离电源。触电现场处理的方法见表1.3。

表1.3 触电现场处理的方法

触电现场处理方法	示意图	操作方法
拉闸 立即切断电源	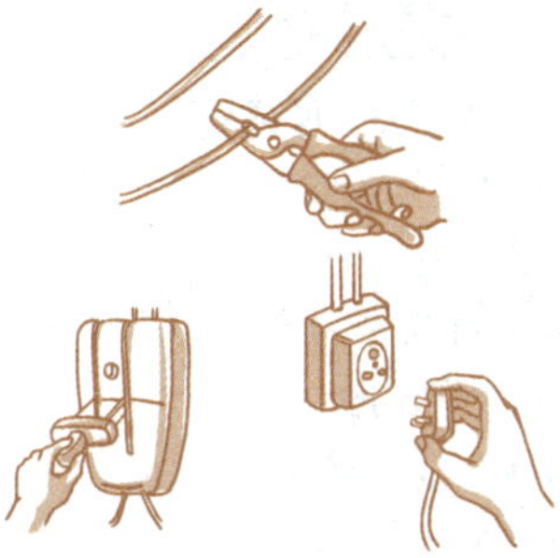	用绝缘工具夹断电线。用刀、斧、锄等带绝缘柄的工具或硬棒，从电源的来电方向将电线砍断或撬断，切断电线时注意人体切不可接触电线裸露部分和触电者。迅速拉开闸刀或拔去电源插头

续表

触电现场处理方法	示意图	操作方法
拉离 让触电者脱离电源		用手拉触电者的干燥衣服,同时注意自己的安全(可踩在干燥的木板上)
挑开 用绝缘棒拨开触电者身上的电线		用不导电物体如干燥的木棍、竹棒或干布等物使伤员尽快脱离电源,急救者切勿直接接触触电伤员,防止自身触电而影响抢救工作的进行
抛线 抛扬接地软线,使电路跳闸		如果触电者在电杆上触电,地面的人无法接触,可先将长度足够的无绝缘层软导线一端良好接地,另一端抛至触电者接触的架空线上,人为造成对地短路,使该电路保护装置跳闸切断电路

1.4.2 初步判断触电者的受伤程度

触电者脱离电源后,迅速将其安放在通风、凉爽、明亮的地方,让其仰卧,松开衣服及裤带。观察其被电流伤害的情况,根据不同症状采取不同的救治方法,其症状的判断方法及处理思路见表1.4。

表1.4 触电者症状的判断方法及处理思路

症状	判断方法	处理思路	图示
呼吸是否存在	观察胸、腹部有无起伏动作。如果不明显,可用小纸条靠近触电者鼻孔,根据小纸条是否摆动判断有无呼吸	如果有呼吸,但感觉头晕、乏力、心悸、出冷汗甚至呕吐,可让其静卧休息 如果神智断续清醒,出现昏迷,应立即就医 如果呼吸微弱或丧失,应进行口对口人工呼吸	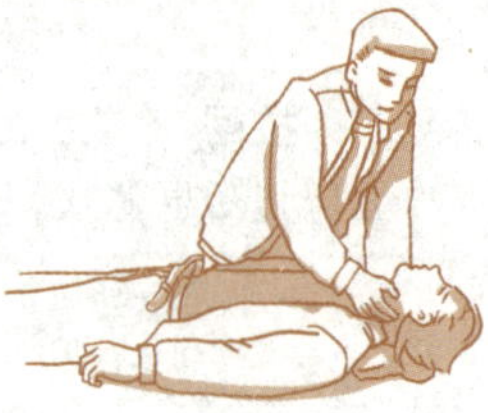 观察伤情

续表

症状	判断方法	处理思路	图示
脉搏是否跳动	用耳朵贴近触电者心区,听有无心脏跳动的心音,或者用手指接触颈动脉或股动脉,感知是否有搏动。因颈动脉和股动脉位置表浅,搏动幅度大,容易感知	对心跳较正常者,可让其静卧休息。如果心跳微弱、不规则或已经停止,在请医生的同时,应用胸外心脏压挤法救治	探测颈动脉的搏动
瞳孔是否放大	瞳孔是受大脑控制的一个自动调节大小的光圈,如果大脑工作正常,瞳孔可根据外界光线的强弱自动调节其大小。处于死亡边缘或已经死亡的人,大脑中枢神经已失去对瞳孔的控制,所以瞳孔会自然放大	瞳孔正常、呼吸尚存,可让其静卧休息;如瞳孔已经放大,应用口对口人工呼吸法和胸外心脏压挤法同时进行施救	正常　已放大 比较瞳孔

1.4.3 人工呼吸法

根据触电者的不同症状,可选用口对口人工呼吸法、胸外心脏压挤法,甚至两种方法并用(表1.5)。

表1.5　口对口人工呼吸法和胸外心脏挤压法的适用范围及动作要点

方法	图示与动作要点

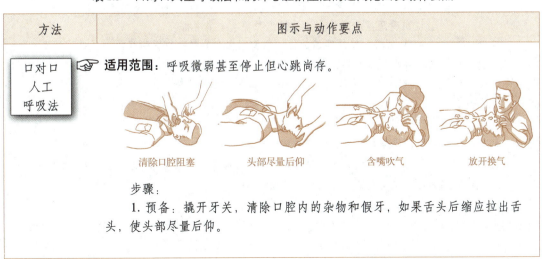

口对口人工呼吸法　**适用范围**:呼吸微弱甚至停止但心跳尚存。

清除口腔阻塞　　头部尽量后仰　　含嘴吹气　　放开换气

步骤:
1. 预备:撬开牙关,清除口腔内的杂物和假牙,如果舌头后缩应拉出舌头,使头部尽量后仰。

方法	图示与动作要点
	2. 吹气：一手捏住鼻孔，以防气流从鼻孔漏出。使触电者头部尽量后仰，救护者站在一侧深呼吸后，贴紧触电者口部（中间也可隔一层纱布）大力吹气，使空气进入肺部，观察其胸部隆起情况。 3. 换气：救护者换气时，应放开触电者口部，松开鼻孔，让其自然排气。 4. 重复：重复2、3步动作，直至触电者呼吸自然恢复。 **关键与要点** 1. 掌握好吹气速度和时间：成年14～16次／min，约5s一个循环，吹气约2s，换气约3s。儿童应18～24次／min，而且吹气量不能太大，也不捏鼻孔。 2. 掌握好吹气压力，刚开始时压力要适当偏大偏快，以后适当减小减慢。 3. 如果触电者口腔咬紧，无法打开时，可用口对鼻吹气，但压力应稍大，时间也要稍长。
胸外心脏压挤法	**适用范围**：心跳微弱、不规则或停止，但呼吸尚存。  找准按压位置　　手形和姿势　　压胸　　放松 步骤： 1. 准备：触电者仰卧，救护者跪在其两侧，双手交叠，肘关节伸直，找准压点，掌根按于触电者胸骨以下横向1/2处，即两乳头连线中间稍微偏下，中指对准颈部凹膛下边缘。 2. 下压：靠体重、肩、臂的压力下压胸骨下段，使胸廓下陷3～4cm，让心脏受压，心室的血液被挤出并流至全身各部。 3. 放松：双掌突然放松，靠胸廓自身的弹性使胸腔复位，让心脏舒张，在心室形成低压区，全身各部的血液流回心室。 4. 重复：重复2、3步动作，直至触电者心脏恢复自主跳动。 **关键与要点** 1. 手形必须正确，压挤胸部着力点在手掌根部。 2. 向脊柱方向压，要有适当节奏和冲击力，但又不能发出太大爆发力，以免损伤骨骼。 3. 压挤时间与放松时间大体一样，每分钟60～70次。 4. 对小孩用单手，每分钟100次左右。

续表

方法	图示与动作要点
两法同时并用	**适用范围：** 呼吸微弱或停止，心跳微弱、不规则或停止。   含口吹气，压胸者松手　　松开换气，缓缓压胸 步骤： 动作要点同上面两法，其两者配合要点如下：做口对口人工呼吸的救护者站立或跪在触电者的一侧，做胸外心脏压挤的救护者跪跨在触电者大腿两侧，各自按照上面的手法和实施要领操作。注意两人必须配合默契：口对口吹气时，压胸者松手使胸廓弹起，实施口对口呼吸的救护者换气时，压胸者下压胸廓，如此反复进行，直至触电者苏醒。

注意

无论用哪种方法救治，都要不断观察触电者面部动作。如果发现触电者的眼皮、嘴唇会动，喉头有一定的吞咽动作，说明触电者有一定呼吸能力，应暂停几秒钟，观察自主呼吸情况，如果不行，必须继续。在触电者呼吸未恢复正常前，无论什么情况，包括送医院途中、雷雨天气或抢救时间长而效果不太明显者，都不能终止这种抢救。在这种抢救实例中，有长达7~10h救活的。

还需注意，在触电现场的抢救中，无论怎样严重，都禁止使用强心针！

动脑筋

1. 在你的生活经历中，是否见过有人触电？是否见过使用人工呼吸法？（包括溺水事件）

2. 试想，如果有人触电，你怎样选择合适的方法使触电者尽快脱离电源？

1.5 电气火灾的扑救

电气设备发生火灾时,为了尽快扑灭火灾又要防止触电事故,一般应在切断电源后才进行扑救。

有时在危急的情况下,如等待切断电源后再进行扑救,就会有使火势蔓延扩大的危险,或者断电后会严重影响生产。

当电气设备发生火灾时,为了取得扑救的主动权,就需要在带电的情况下进行扑救,带电灭火时应注意以下几点:

1) 必须在确保安全的前提下进行,应用不导电的灭火剂,如二氧化碳、1211、1301、干粉等进行灭火。不能直接用导电的灭火剂、直射水流、泡沫等进行喷射,否则会造成触电事故。

2) 使用小型二氧化碳、1211、1301、干粉灭火器灭火时,由于其射程较近,要注意保持一定的安全距离。

3) 在灭火人员戴绝缘手套和穿绝缘靴、水枪喷嘴安装接地线的情况下,可以采用喷雾水灭火。

4) 如遇带电导线落于地面,则要防止跨步电压触电,扑救人员要进入该区域灭火时,必须穿上绝缘靴,戴上绝缘手套,如图1.8所示。

图1.8 带电灭火

巩固与应用

(一) 填空题

1. 发生人体触电的方式常有 _____ 、_____ 和 _____ 等几种。
2. 发现有人触电，要使触电者尽快脱离电源的方法有 _____ 、_____ 、_____ 和 _____ 等几种。
3. 为预防触电，经常采取 _____ 、_____ 、_____ 和 _____ 等保护措施。
4. 将 _____ 与大地妥善连接称为保护接地。
5. 保护接零适用于 _____ 的 _____ 供用电系统。
6. 触电现场可以使触电者尽快脱离电源的措施有 _____ 、_____ 、_____ 和 _____ 等。
7. 发现触电者失去呼吸，应用 _____ 呼吸法。
8. 在触电者 _____ 以及 _____ 的情况下，必须两种人工呼吸法并用。

(二) 判断题

1. 保护接零适用于中性线不接地的电力系统。（   ）
2. 用小纸条探测触电者鼻孔气流，是判断他是否有呼吸的重要方法。（   ）
3. 口对口人工呼吸法对成人应保持每分钟14～16个循环。（   ）
4. 胸外心脏压挤法对成人而言，应保持每分钟100个循环。（   ）

(三) 单项选择题

1. 家用电器中接电源的三脚插头，最粗最长的那个脚的用途是（   ）。
   A. 保护接地　　B. 工作接地　　C. 保护接零　　D. 都不是
2. 探测触电者是否还有心脏跳动最直接的方法是（   ）。
   A. 探测鼻孔是否有呼吸　　　　B. 用手指探测颈动脉是否搏动
   C. 观察瞳孔是否放大　　　　　D. 观察眼皮是否会动
3. 对成人做口对口人工呼吸法时，每分钟循环的次数为（   ）。
   A. 18～24次　　B. 20～26次　　C. 22～28次　　D. 14～16次

(四) 简答题

1. 你通过参观学校电工实训室，认识了哪些电工工具和仪器、仪表？
2. 你了解电工实训室的哪些安全操作规程？它们在实训和今后的操作中有什么作用？

3. 我国常有的安全电压有哪几个等级？它们各适用于哪些场合？

4. 保护接地与保护接零有哪些异同点？

5. 当电气设备绝缘损坏，金属外壳带电时，如果外壳上有保护接地装置，人体接触为什么不易触电？

6. 为什么不能用湿手触摸电器？

7. 你有哪些方法判断触电者心脏是否还有跳动？

8. 若发生电气火灾，需要带电灭火，你准备采取哪些安全措施？

(五) 实践题

1. 在野外观察高压电线杆、铁塔或变压器，寻找它的接地装置并分析其特点（不可靠近接触）。

2. 向电工师傅请教：在高压线的铁塔上端，除了有三根较粗的电力输电线外，在铁塔顶部，在跨越山顶或城市的铁塔之间还有一至两根较小的金属线，它是做什么用的。

单元 2 直流电路

单元学习目标

知识目标

1. 了解电路的组成及理解电路模型。
2. 理解电路几个基本物理量的概念,能进行简单计算,理解电流的参考方向及其应用。
3. 理解电阻并能进行简单计算,了解电阻器及其主要参数与温度的关系。
4. 掌握欧姆定律,电阻串并联与混联的特点及计算方法,会用欧姆定律和电阻串并联及混联的特点计算等效电阻、电流、电压和功率。
5. 了解常用导电材料、绝缘材料的规格及用途。
6. 掌握基尔霍夫定律及其应用。
7. 了解负载获得最大功率的条件及应用。

能力目标

1. 会识读简单电路图,识别常用电池外形、特点,了解其应用。
2. 会使用电工仪表测量电路的电压、电流。
3. 能识别常用、新型电阻,能正确使用仪器、仪表测量电阻值,能区别线性电阻与非线性电阻。
4. 会使用合适的电工工具正确连接导线。
5. 会正确使用电工仪表检查简单电路故障。

思政目标

1. 培养专注、细致、严谨、负责的工作态度。
2. 树立规范意识、标准意识、安全意识,全面提升职业素养。

单元 2　直流电路

2.1 电路的组成与电路模型

家庭、工厂、学校等所用的电能是怎样来的？显然是由发电厂发出的。它通过电能的输送电路，才能到达用电单位(用户)，可见电路在输电、用电上的重要性。本节将讨论电路的基本组成及其模型。

小实验　简单电路的构成

将灯泡、开关和电池，通过导线连接起来（图2.1），就形成了一个简单的闭合电路。当开关闭合时，灯泡发光；当开关断开时，灯泡熄灭。我们可以通过这个实验来认识和探讨电路的组成和电路模型。

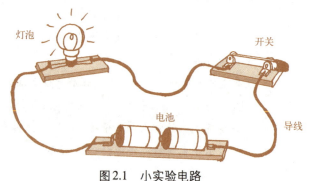

图2.1　小实验电路

2.1.1 电路的组成

从小实验中可以看出，这个简单的闭合电路是由电池、灯泡、开关和导线四个部分组成的。我们在生产活动中，通常把它们称为电源（实验电路中的电池）、负载或用电器（实验电路中的灯泡）、控制与保护装置（实验电路中的开关）和导线（图2.2）。它们在电路中的作用如下。

1. 电源

电源为电路提供电能，它是将其他形式的能转换为电能的装置。如干电池、蓄电池将化学能转换为电能，发电机将机械能转换为电能。

2. 负载或用电器

负载或用电器为使用电能的装置，是各种用电设备的总称。其作用是将电路输送给它的电能转换成其他形式的能。如电灯泡将电能转换为光能和热能，电风扇将电能转换为机械能。

3. 控制与保护装置

控制与保护装置用于控制电路的接通与分断，保护电路和用电设备及操作人员的安全。

4. 导线

导线用于将电源、负载、控制与保护设备连接成闭合电路，输送和分配电能。

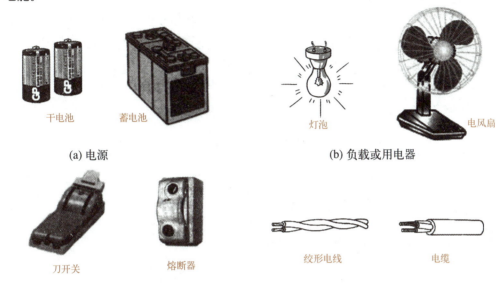

图2.2 组成电路各部分的作用与外形举例

2.1.2 电路模型

在现实的生产和生活中，电路是多种多样的，而且很复杂。

由于组成实际电路的器材、元器件种类繁多且复杂，要绘制出这些实际电路图并清楚地用文字表示出来，几乎是不可能的。

因此，人们通过简洁的文字、符号、图形，将实际电路和电路中的器材、元器件进行表述，我们把这种书面表示的电路称为电路模型。下面我们以小实验的实际电路［图2.3(a)］的电路模型来进行说明。

小实验实际电路图的电路模型如图2.3 (b) 所示。

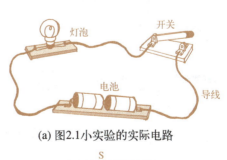

(a) 图2.1小实验的实际电路

(b) 小实验实际电路的电路模型

图2.3 小实验实际电路和电路模型的对比

在图2.3（b）中，我们把实际电路中的电源（电池）用 E 和 ┤├，负载用 R 和 ▭ 或 -⊗-（灯泡），控制与保护装置（开关）用 S 和 ─╱─ 进行了表述，形成了小实验实际电路的电路模型。这些元器件的图形符号称为元件模型。

这些由文字、符号、图形表示的电路模型，称为电路图。电路图中常用的符号见表2.1。

表2.1 电路图中常用的符号

名称	符号	名称	符号
电阻	─▭─	电压表	─Ⓥ─
电池	─┤├─	接地	⏊ 或 ⊥
电灯	─⊗─	熔断器	─▭─
开关	─╱─	电容	─┤├─
电流表	─Ⓐ─	电感	─⌒⌒⌒─

▍**巩固训练：电路模型的应用表述**

在所有能够使用电路的范围，在书面上、在电路图的绘制及识读上都使用电路模型。图2.4(a)是手电筒实际展开电路。请根据所学电路和电路模型知识，绘制表示出手电筒电路的电路模型。

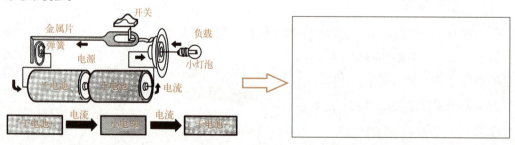

(a) 手电筒实际展开电路　　　　　　(b) 手电筒电路模型

图2.4　手电筒电路及其电路模型

▍知识窗　常用电池的种类、特点和用途

电池（图2.5）是电源的一种，是电路的重要组成部分。如果按使用寿命分类，可以分为一次电池和二次电池两大类：一次电池又称原电池，只能一次性使用，一旦电能用完就废弃。二次电池又称可充电电池，它可以反复充放电，使用寿命长。它们的作用都是为用电器具提供电能。

干电池

特点：根据材料不同有锌锰、碱锰等类别。其中碱锰干电池又称碱性电池，比锌锰干电池性能好。每节电池电压1.5V，体积小。

用途：用作手电筒、收音机、照相机、电子钟表、遥控器、燃气热水器、剃须刀、电动玩具等一般电子产品电源。

层叠电池

特点：相当于几个电池芯的组合，多呈方形，输出电压比干电池高，常用的有6V、9V、15V等规格。

用途：用作电工仪表、麦克风、电动玩具等携带式电器电源。

干电池　　　　层叠电池　　　　纽扣电池

(a) 一次性电池

镍氢电池　　　　锂电池　　　　铅蓄电池

(b) 可充电电池

图2.5　常用电池类型

纽扣电池

特点：体积比上述干电池小，因形同纽扣而得名。常用的有氧化银、碱性等纽扣电池。

用途：用作电子表、助听器、计算器、小型电动玩具等电器电源。

镍氢电池

特点：可循环充放电 400～1000 次，普通圆柱形镍氢电池为 1.2V。存在"记忆"效应，若未放完电就充电，未释放的电压即为以后充放电的起始电压，由此降低了该电池的使用容量。

用途：用途同干电池，可用于一般电子产品。

锂电池

特点：可循环充放电 500～800 次，电池电压根据用电器具的要求而定，如摄像机的锂电池一般为7.2V。锂电池的突出优点是没有"记忆"效应。

用途：用作手机、照相机、摄像机、对讲机等携带式电器电源。

铅蓄电池

特点：产生和储存电能本领大，多用于大电流、大功率用电设备。每个电池电压为2V，使用中可根据用电设备需要进行多个电池的组合。

用途：用于汽车、电动车、汽油机、柴油机的启动电源，办公室、医院、学校及影剧院等公共场所的事故照明电源。

特别提示：电池多用有毒有害的化学物质制成。从环境保护和人身安全考虑，凡是不能使用的废弃电池，必须小心处理。不得拆卸、随意丢弃，更不能将其置于火中燃烧，否则将会引起强烈爆炸，危及人身、设备安全。

动脑筋

1. 图2.6是两个实际电路，能否用表2.1规定的符号画出它们的电路模型？

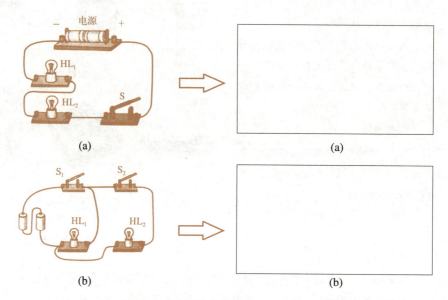

图2.6 请画出上述实际电路的电路模型

2. 在你周围哪些地方有电路存在？

3. 指出你家里和教室中哪些是电源，哪些是控制和保护电器，哪些是负载。

2.2 电路的基本物理量及其测量

电路中有电流流过，必须有产生电流的电源，以及将电源与负载连接的导线或导体。电流在电路中是如何流动的呢？下面我们将认识和了解电路中的几个基本物理量：电流、电动势、电位与电压、电能与电功率。

小实验

我们用一对新电池和一对电能已耗尽的电池，在实验电路图2.1中替换使用，当新电池装入电路时，合上开关，灯泡发光；当换上电能已耗尽的电池时，合上开关，灯泡不亮（图2.7）。为什么呢？

(a) 电路上的电源为新电池　　(b) 电路上的电源为无电电池

图2.7　替换使用新电池和已用过的无电电池

当新电池装入时，灯泡能正常发光，说明电路中有电流通过；换上电能已耗尽的无电电池时，灯泡不能发光，说明电路中没有电流通过。

2.2.1　电流

我们把实验电路模拟为图2.8，可以看出电路中电子运动的方向及电流方向。

当有电电池接入电路时，自由电子向电池正极（+）移动，电池的负极（-）供给电子，这样就产生了连续的电子流。这种电荷的定向移动形成**电流**。

但是人们规定：在电路中，"电流从电池的正极通过外电路流至电池的负极。"因此，在电路中电流的方向与电子流动的方向相反。

电流（I）的大小用每秒（s）通过导体横截面的电量（q）来表示，即

$$I = \frac{q}{t} \tag{2.1}$$

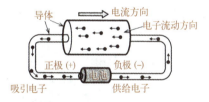

图2.8　电路中导体内的电子运动及电流方向

特别提示：应当再次强调的是，在金属导体中，是靠自由电子导电，因自由电子带负电荷，所以自由电子的定向移动方向与电流方向相反。

式中，q——通过电路横截面的电量，C(库仑)；

t——电路中通过电量q所以的时间，s(秒)；

I——电路中的电流，A(安培)。

1A的含义：在1s的时间内通过电路的电量是1C。

除了安培外，常用的电流单位有 kA（千安）、mA（毫安）和 μA（微安），其换算关系为

$$1\text{kA} = 1000\text{A}$$

$$1\text{A} = 1000\text{mA}$$

$$1\text{mA} = 1000\mu\text{A}$$

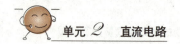

单元 2　直流电路

> **关键与要点**
>
> 电流不仅有大小,还有方向。在分析电路时,电流的参考方向可以任意假定,最后由计算结果确定,如图2.9所示。
>
>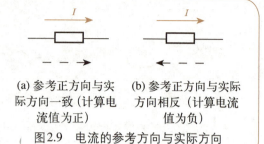
>
> (a) 参考正方向与实际方向一致(计算电流值为正)　(b) 参考正方向与实际方向相反(计算电流值为负)
>
> 图2.9　电流的参考方向与实际方向

另外,电流的大小可以用电工仪器进行测量,如电流表(安培表)、万用表电流挡。

2.2.2　电动势、电位与电压

我们用水路和电路做一个对比。在图 2.10(a)中,水之所以从水槽 A 流向水槽 B,是因为存在着 A 的水位 H_A (m) 与 B 的水位 H_B (m) 之差 $H_A - H_B$ 而产生的压力。所谓水位,是水槽 A 或 B 中水的高度相对于作为基准的某一位置而言的。

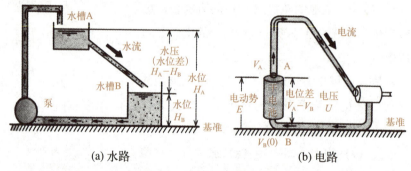

(a) 水路　　　　　　　　　　(b) 电路

图2.10　水路与电路的类比

电路的情况与水路相似,将某一点相对于某一基准点的电的"压力"称为**电位**。这里指的某一基准点,一般为大地、电器的金属外壳或电源的负极,称为**接地**。

在图 2.10(b) 中,设干电池的 A 点电位为 V_A,B 点电位为 V_B,则在电位差 $V_A - V_B$ 的所谓电的"压力"作用下,电路中有电流流过。该电位之差称为**电位差**或**电压**。表示电压的符号用 U,单位为伏[特],符号为 V,即

$$U = V_A - V_B \tag{2.2}$$

在图 2.10(a) 中,为了使水能够从上面水槽不断流向下面水槽,必须用泵提供能量将下面水槽的水送到上面水槽中。

> **特别提示**:电压与电位的区别在于,电位是电路中某点相对于零电位点进行的计算,而电压是对电路中两个确定点进行的计算,不一定是零电位点。

在图 2.10(b) 中，干电池起到上述泵的作用。干电池内的化学力具有持续提供电能的能力，保证电流不断流动。干电池等称为**电源**。这种电源内部的力称为电源力。电动势是反映电源把其他形式的能量转变为电能的本领的物理量，其在数值上等于电源力在单位时间内将正电荷从电源负极移送到正极所做的功。表示电动势的符号为 E，单位为 V（伏）。

电动势是产生和维持电路中电压的保证，一旦电源的电动势耗尽，电路就会失去电压，不再有电流产生。小实验中，当换上无电电池后，合上开关，灯泡不亮，就是这个道理。

2.2.3 电能和电功率

1. 电能

以上小实验中，电路通电后灯泡发光、发热。这说明电源能够向用电器提供能量。生活中电灯发光、电炉发热、电动机运转都是电压产生的电流通过用电器做了功（称为电功），将电能转变为光能、热能和机械能。电能是指电流通过用电设备在某一段时间内所做的功。这种做功的多少，可以用电能转换（消耗）了多少来衡量。

电流在一定时间内所做的功称为电能，用 W 表示，其单位为 J（焦耳，简称焦）。

在日常生产和生活中，电能常用单位是千瓦时（度），用 kW·h 表示，即

$$1\text{kW·h}=3.6\times10^6\text{J}$$

电能表是我们每个家庭都很熟悉电能计量仪表（图 2.11）。

2. 电功率

电能只能计量一段时间内电流做功的多少，但不能表述电流做功的快慢。电功率是衡量用电器电流做功快慢的物理量。电流在单位时间所做的功称为**电功率**，即

$$P=\frac{W}{t} \quad (2.3)$$

电功率（P）与电流（I）和电压（U）之间的关系是

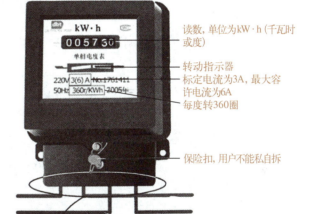

图 2.11 电能表

> **特别提示**：掌握电功率与电压、电流之间的关系，对于正确电路中配置用电器是十分重要的。负载（用电器）的电功率，不能超过电路中额定电流和电压的最大负载电功率。

$$P=UI \tag{2.4}$$

【例2.1】 某节能型荧光灯的额定功率为11W，已知照明用电电压为220V，使用时通过的电流是多少？

解： 由 $P=UI$ 可得

$$I=\frac{P}{U}$$

家庭电路的电压是220V，所以通过这种荧光灯的电流为

$$I=\frac{P}{U}=\frac{11}{220}=0.05\text{（A）}$$

答： 通过的电流是0.05A。

【例2.2】 一间教室有40W荧光灯12盏，平均每天用5h，若一个月以30天计，每月用电共多少？

解： 该教室荧光灯总功率为

$$12\times 40\text{W}=480\text{W}$$

用电时间（算出一个月多少秒）为

$$30\times 5\times 3600\text{s}=5.4\times 10^5\text{s}$$

本月用电量为

$$W=Pt=480\text{W}\times 5.4\times 10^5\text{s}=259.2\times 10^6\text{J}=72\text{kW·h}$$

答： 每月用电共72 kW·h。

> **知识窗** 基本物理量在电工学中的定义
>
> **电动势：** 电源力在电源中将正电荷从电源负极移送到正极所做的功与被移送电量之比称为电源电动势，即 $E=\dfrac{W}{q}$。
>
> **电位：** 电场力将正电荷从参考点移送到电场中某点所做的功与被移送电量之比称为该点的电位，即 $V_a=\dfrac{W_a}{q}$。
>
> **电压：** 电场力将正电荷从电场中的 a 点移送到 b 点所做的功与被移送电量之比称为 ab 两点间的电压，即 $U_{ab}=\dfrac{W_{ab}}{q}$。
>
> **电流：** 电荷的定向移动形成电流，其方向规定为正电荷移动的方向。

动脑筋

1. 外电路有没有电动势？电路中形成电流的原因是什么？
2. 什么是电位和电压？简述它们之间的主要区别。
3. 电能用于计量电流做功的多少还是电流做功的快慢？

实践活动：万用表的使用

万用表除了具有检测电路和设备相关参数、发现故障的功能外，还具有检查电路、设备状态的功能。掌握万用表的正确使用方法，不仅可以实现各种功能，还可以避免损坏仪表。

万用表分为如图2.12所示的指针式万用表（又名机械式万用表）和数字万用表。无论哪种类型的万用表，它的基本结构都是将电压表、电流表、欧姆表及其他相关仪表的功能集中在一起，能够测量电压、电流、电阻、电容、电感、电平等基本电气参数。

(a) 指针式万用表　　　　　　　(b) 数字万用表

图2.12　常见的万用表

下面我们以MF47型万用表为例来详细了解指针式万用表的使用方法。

一、指针式万用表外形及各部分的名称

指针式万用表测量值为指针显示，易知道变化过程，但准确度低，必须熟练掌握其使用方法。

数字万用表操作简单，读数方便，灵敏度及精确度高，非常适合初学者使用。

MF47型万用表的面板与外形结构如图2.13所示。

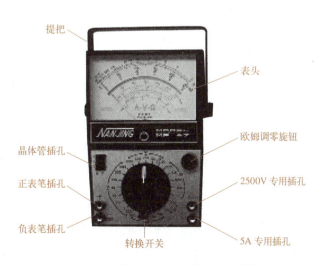

图2.13　MF47型万用表的面板与外形结构

二、表盘刻度线及识别要领

表盘为组合刻度盘，如图2.14所示。

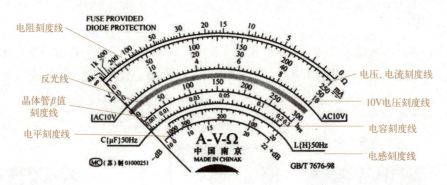

图2.14　MF47型万用表表盘

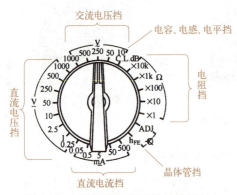

图2.15　MF47型万用表的转换开关

三、MF47型万用表的转换开关

MF47型万用表的转换开关（又称量程选择开关）在面板下方正中，如图2.15所示，用于选择测量项目和量程。测量时根据自己要测量的某个项目（如直流电压、直流电流）和所选择的量程将开关扳到相应挡位的所选量程上即可。如果不知道被测量的大小，应先从最高量程测起，若指针偏转角度太小，再逐次换到合适的量程。

四、基本操作方法

(1) 万用表的读法

将万用表水平放置，使指针与反射镜上的影像重合，从正上方观察读数，如图2.16所示。

(2) 确定量程

当不清楚测量值的范围时，先调整到最高量程，然后一个量程一个量程地下降（图2.17）。

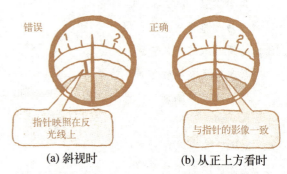

(a) 斜视时　　　(b) 从正上方看时

图2.16　万用表的读数技巧

实践活动：用指针式万用表测量直流电压和直流电流

(3) 调整万用表的机械零点位置

用一字形螺钉旋具进行调整，使指针与表头的零点重合（图2.18）。

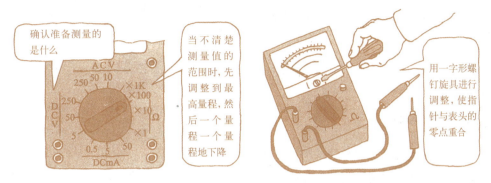

图2.17　确定万用表的量程　　　　图2.18　调整机械零点位置

实践活动：用指针式万用表测量直流电压和直流电流

一、直流电压的测量

1) 将转换开关置于直流电压挡的范围，并选择合适量程。

2) 将万用表与检测电路连接，如图2.19所示。

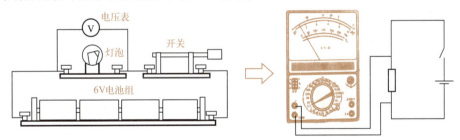

图2.19　测灯泡电压的万用表接线图

万用表必须与被测电路并联。特别要注意表笔极性，即红表笔接被测电路高电位端，黑表笔接低电位端。如果表针反转，说明表笔接错，应交换表笔测量。

3) 电路连接完毕，经检查无误后，闭合开关，从万用表上读出灯泡两端电压值，并按表2.2的要求，将相关内容和数据填写在该表中。

> 注意：
> 1. 表针偏转角度应在表盘的1/2～2/3。
> 2. 如果事先不知被测电压高低，先用最高电压量程，在测量中如果表针偏转角度过小，再逐次减小到适当量程。

单元 2 直流电路

表2.2 本实验相关内容和数据记录

万用表			电池组		灯泡		测量结果	
型号	电压量程	电流量程	节数	总电压/V	标称电压/V	标称电流/A	电压/V	电流/A

二、直流电流的测量

1) 将转换开关置于直流电流范围,并选择好适当量程。

2) 将万用表与检测电路连接,如图2.20所示。

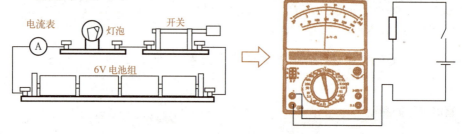

图2.20 用万用表测电流的接线图

万用表与被测电路串联,表笔极性必须正确,即红表笔接被测电路高电位端,黑表笔接低电位端。

3) 电路连接完毕,经检查无误后,闭合开关,从万用表上读出通过电路的电流值,并按表2.2的要求,将相关内容和数据填入该表中。

> **注意:**
> 1. 表针偏转角度应在表盘的1/2～2/3。
> 2. 如果不知被测电流大小可先用最高电流量程,然后在测量中根据表针偏转情况再逐次减小到合适量程。

动脑筋

1. 指针式万用表基本操作要点有哪些?
2. 直流电路电流和电压的测量与万用表的电路连接方式有何不同?

2.3 电阻的识别和测量

金属导体是由电子和相应正粒子点阵组成的,其中电子大多可以自由移动,而正粒子几乎不能移动。自由电子在导体中定向移动的时候与正粒子晶格频繁碰撞,从而减速,相当于受到与运动方向相反的阻力,金属导体这种阻碍自由电子定向运动的性质称为电阻。通过本节的学习,了解并掌握电阻的定义、影响电阻大小的因素和电阻的表示方法等内容,最后通过实验学会对电阻相关参数进行测量。

看一看、找一找

电阻在电路中有多大的作用?图 2.21 是常见的移动电源的电路板。找一找,有多少个电阻。从这个电路板上可以看出,电阻在电路中发挥着重要作用。

电阻器(在电路中简称电阻)通过不同的连接方法可以实现电路中的电流、电压管理,进行电路降压与分压、电路限流、电路分流等。

哪些元器件是电阻呢

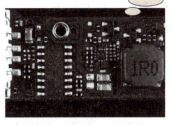

图 2.21 常见的移动电源的电路板

2.3.1 电阻与电阻定律

汽车在公路上行驶时,由于车流量大,造成行车拥堵,给行车带来阻碍。同理,自由电子在导体中做定向移动形成电流时也要受到阻碍,我们把导体对电流的阻碍作用称为**电阻**。

实验证明:导体的电阻 $R(\Omega)$ 与它的长度 $L(m)$ 成正比,与它的横截面积 $S(m^2)$ 成反比,与导体材料的电阻率 ρ 有关。这一关系称为**电阻定律**。

电阻定律可用数学公式表述为

$$R = \rho \frac{L}{S} \tag{2.5}$$

式中,ρ——材料的电阻率,$\Omega \cdot m$。

由于电阻率的不同,材料的导电性能有很大差异。常用材料在 20℃ 的电阻率见表 2.3。

常用的电阻单位有 $k\Omega$(千欧)、$M\Omega$(兆欧),它们的关系为

$$1k\Omega = 1000\Omega \qquad 1M\Omega = 1000k\Omega = 10^6 \Omega$$

人们根据电阻率的大小，把材料分成了三类：电阻率为 $10^{-8} \sim 10^{-6}$ Ω·m 的材料称为导体，电阻率为 $10^{11} \sim 10^{16}$ Ω·m 的材料称为绝缘体，介于二者之间的材料称为半导体。半导体在电子元器件的研发与生产中起着极为重要的作用。

表 2.3 常用材料在 20℃ 的电阻率

材料名称	电阻率 $\rho/(\Omega \cdot m)$	材料名称	电阻率 $\rho/(\Omega \cdot m)$
银	1.65×10^{-8}	钨	5.3×10^{-8}
铜	1.72×10^{-8}	锰铜合金	4.4×10^{-7}
铝	2.83×10^{-8}	镍铜合金	5.0×10^{-7}
铁	1.0×10^{-7}	镍铬合金	1.0×10^{-6}

【例2.3】 直径为 5mm、长度为 1km 的铜线的电阻值为多少？铜线的电阻率是 1.72×10^{-8} Ω·m。

解： 求铜线的横截面积时，要注意单位。直径为 d，长度为 L 的铜线的电阻可根据公式 $R = \rho \dfrac{L}{S}$ 求出。其中，$d = 5\text{mm} = 5 \times 10^{-3}\text{m}$，$L = 1\text{km} = 1 \times 10^3\text{m}$。

首先求出直径为 5mm 的横截面积 S，则有

$$S = \left(\frac{d}{2}\right)^2 \pi \approx \left(\frac{5 \times 10^{-3}}{2}\right)^2 \times 3.14$$

$$= \frac{25}{4} \times 10^{-6} \times 3.14$$

$$\approx 19.6 \times 10^{-6}(\text{m}^2)$$

因此，铜线的电阻为

$$R = \frac{\rho L}{S} = \frac{1.72 \times 10^{-8} \times 10^3}{19.6 \times 10^{-6}} \approx 0.88(\Omega)$$

答： 铜线的电阻值为 0.88Ω。

材料不同电阻率不同，同一种材料的电阻率在不同温度条件下也会发生变化。温度每升高 1℃，导体电阻的增加值与原来电阻的比值，称为**电阻温度系数**。电阻温度系数有正、负之分。

人们利用导体材料电阻温度系数的差异性，制成的温度控制电气元件，广泛用于家用电器的温度控制系统中，如电饭煲、电磁炉、电熨斗等。

> **注意：** 电路的电阻中有一类电阻是材料本身的属性，与加在它上面的电压和通过它的电流无关，这种电阻称为**线性电阻**。还有一类电阻，它的电阻值会随着加在它两端的电压和通过它的电流的变化而变化，这类电阻称为**非线性电阻**。
>
> 线性电阻广泛用于线性电路，如降压、限流、分压、分流、反馈、耦合等电路；非线性电阻大量用于整流、放大、脉冲及数字电路中。

2.3.2 电阻的种类及识别

电阻的种类多种多样，其识别主要从电阻器上标识的主要参数、材料、形状以及功率进行识别。

1. 电阻的主要参数

电阻器的参数较多，这里我们只讨论技术上经常使用的标称阻值、允许误差及标称功率。

标称阻值 在使用电阻器时，我们最关心的是它的阻值多大。标称阻值就是指标注在电阻体上的电阻值。电阻器的标称阻值不是随意的，国家有统一的规定（GB/T 2471—1995）。

允许误差 工厂所生产的电阻器，它的实际阻值不可能与标称阻值完全相同，它们之间不可避免地存在不同程度的误差。在使用中规定了两种误差表示方法：一种是用阿拉伯数字或罗马数字表示；另一种是用色标或文字符号表示，并将它们印制在电阻体表面。表2.4为电阻器常用误差表示法。

表2.4 电阻器常用误差表示法

阿拉伯数字表示	色标表示	文字符号表示	罗马数字表示
1%	棕	F	
2%	红	G	
5%	金	J	Ⅰ
10%	银	K	Ⅱ
20%	无色	M	Ⅲ

标称功率 常温下电阻器在交、直流电路中长期连续工作所能承受的最大功率称为额定功率。由于这个额定功率要标注在电阻体上，所以又称标称功率。通常功率在2W以上的电阻器，它的额定功率直接用阿拉伯数字标注在电阻体上，如图2.22所示；小于2W的电阻器，用规定符号标注在电阻体上表示额定功率（表2.5）。

图2.22 电阻体上标注的功率、阻值和误差

表2.5 常用电阻器标称功率符号及含义

符号	 ⎯⎯	 ⎯⎯	 ⎯⎯	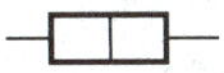 ⎯⎯	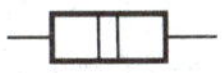 ⎯⎯	 V	 X
含义	0.125W	0.25W	0.5W	1W	2W	5W	10W

2. 常见电阻的识读

电阻器标称阻值与允许误差的标注方法有直标法、文字符号法、色环法和数字法。

(1) 直标法和文字符号法标注电阻器的识读

图2.23 将电阻器的标称阻值和误差用阿拉伯数字和罗马数字直接标注在电阻体上。通常阿拉伯数字表示阻值，罗马数字表示误差。这种标注方法称为**直标法**。

图2.24所示是另一种直标法的标注方式，称为文字符号法。

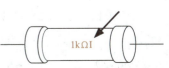

图2.23 直标式电阻器标称阻值与允许误差的识读

标称阻值的数字和字母的组合规律：阻值的整数部分和小数部分分别标注在单位符号的前面和后面。文字标注法中字母和符号的含义见表2.6，允许误差字符的含义见表2.4。

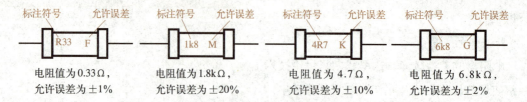

图2.24　文字符号标注电阻标称阻值与允许误差的识读

表2.6　文字符号法中字母和符号的含义

单位符号	R	k	M	G	T
单位及进位	欧（10^0）	千欧（10^3）	兆欧（10^6）	吉欧（10^9）	太欧（10^{12}）

(2) 色环电阻器的识读

目前，普通电阻器大多采用色环来标注自身的阻值和误差，即采用在电阻器表面印制不同颜色的色环来表示电阻器标称阻值和误差的大小，这类电阻器被称为**色环电阻器**。这种标注方法称为**色环法**。不同的色环代表不同的数值，见表2.7。

表2.7　色环电阻器中各色环代表的数值

颜色	黑	棕	红	橙	黄	绿	蓝	紫	灰	白
数值	0	1	2	3	4	5	6	7	8	9

四环电阻器的识读：常用的色环电阻器一般为四环电阻器，四个色环代表的具体意义见表2.8。识读四环电阻器的方法：表示精度（误差）的第四环一般为金色、银色和无色。

表2.8中，设四环电阻器的色环颜色分别为红、红、红、金，其电阻值为$22×10^2\Omega=2.2k\Omega$，允许误差为±5%。

■ **巩固训练：四环电阻器的识读**

如果你要从一堆电阻器中挑选某个阻值的电阻器，最好先根据这个电阻器的电阻值，想象一下它的色环，再去找。请确定以下电阻器的色环（允许误差为±5%）：

56MΩ ＿＿＿＿＿，820kΩ ＿＿＿＿＿，47kΩ ＿＿＿＿＿
3.3kΩ ＿＿＿＿＿，910Ω ＿＿＿＿＿，12Ω ＿＿＿＿＿。

五环电阻器的识读：五环电阻器的精度较高，标称阻值比较准确，常称为精密电阻。识读五环电阻器的方法：表示精度（误差）的第五环与其他四个色环相距较远。

设表2.8中五环电阻器的色环颜色分别为棕、红、黑、红、棕，则它的电阻值为$120×10^2Ω=12kΩ$，允许误差为$±1\%$。

表2.8 电阻器色标符号的意义

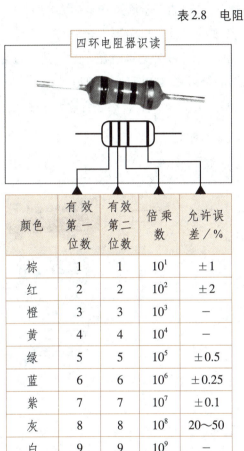

颜色	有效第一位数	有效第二位数	倍乘数	允许误差/%	颜色	有效第一位数	有效第二位数	有效第三位数	倍乘数	允许误差/%
棕	1	1	10^1	±1	棕	1	1	1	10^1	±1
红	2	2	10^2	±2	红	2	2	2	10^2	±2
橙	3	3	10^3	—	橙	3	3	3	10^3	—
黄	4	4	10^4	—	黄	4	4	4	10^4	—
绿	5	5	10^5	±0.5	绿	5	5	5	10^5	±0.5
蓝	6	6	10^6	±0.25	蓝	6	6	6	10^6	±0.25
紫	7	7	10^7	±0.1	紫	7	7	7	10^7	±0.1
灰	8	8	10^8	20～50	灰	8	8	8	10^8	20～50
白	9	9	10^9	—	白	9	9	9	10^9	—
黑	0	0	10^0	—	黑	0	0	0	10^0	—
金	—	—	10^{-1}	±5	金	—	—	—	10^{-1}	±5
银	—	—	10^{-2}	±10						
无色				±20						

■ **巩固训练：五环电阻器的识读**

你能正确而快速地读出下面四个五环电阻器的电阻值和允许误差吗？

棕红黑红棕 _____，黄紫黑棕棕 _____，

绿蓝红黑金 _____，绿棕黑棕金 _____。

图2.25 用数字表示阻值的电阻器

(3) 数字法表示电阻器阻值的识读

体积较小的可变电阻以及贴片电阻的阻值,一般在外壳标注三位数字表示,如图 2.25 所示。数字可以直接读取而不用辨别色环的颜色,标称阻值的识读类似于色环电阻而且更为简单。如图2.25中,202表示阻值为 $20\times10^2\Omega=2k\Omega$,103表示阻值为 $10\times10^3\Omega=10k\Omega$。

电阻器是电气元器件中一种重要的元件。电阻器大致可分为两种:一种是具有固定电阻值的固定电阻器,另一种是可以在一定范围内改变电阻值的可变电阻器。常用电阻器的符号和实物图如表2.9所示。

随着科学技术的发展,研发和生产的新型电阻器种类还会越来越多。

表2.9 常用电阻器的符号和实物图

名称	国标符号	电路图符号	实物图	名称	国标符号	电路图符号	实物图
碳膜电阻	R			水泥电阻	R		
金属膜电阻	R			普通线绕电阻	R		
有机实心电阻	R			被釉线绕电阻	R		

知识窗 超导现象

具有正温度系数的金属导体,温度越低,电阻值越小。1911年,荷兰科学家昂尼斯在做低温实验中发现,汞在温度降到 −269℃ 时,其电阻值突然变为零。后来陆续发现,大多数金属在温度降到某一数值时,均可实现电阻为零。人们将导体在一定温度下电阻变为零的现象叫**超导现象**。这一发现在科学界引起了很大震动。如果用超导材料,在超导状态下工作,可以将大型计算机保持性能的同时体积缩小到普通家用计算机的大小。在超导状态下的远距离输电,由于没有电阻,没有热损耗,可以不用高压,而且能大大减小导线横截面积,从而节省大量材料。用超导材料制造的发电机、电动机,会大量提高输出功率,减小体积。除了上述领域之外,在交通运输、地质勘探、能源开发与节能等方面还有广阔前景,目前还在更加深入的研究之中。科学界对超导现象的研究一直没有停止过。

实践活动：直流电阻的检测——用万用表检测普通阻值电阻

> **知识窗** 对电阻传感器的认识
>
> 人类在生产、工程技术和科研活动中有很多现象和数据是无法用人的五官去感知和探测的，如炼钢炉的温度、汽车冷却液温度、汽车行驶速度、不可见物体的位移等。为了解决这些问题，人们研制出能帮助人的感觉器官认识事物，感知周围世界的"五官之外的感觉器官"——传感器。在电路中用它来代替人体五官，所以**传感器又叫感知元件**。所谓传感器，就是能将被测量的非电参数，如温度的高低、压力的大小、湿度的大小、位移的多少等，转换成电信号以便于测量的电器元件。因为电信号容易放大，可以进行远距离测量，测量速度快，而且放大倍数高，灵敏度高，测量准确度高。传感器的应用原理如图2.26所示。
>
>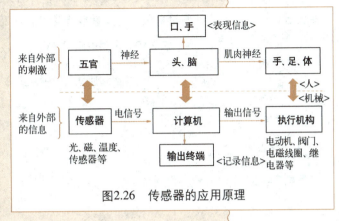
>
> 图2.26 传感器的应用原理

实践活动：直流电阻的检测——用万用表检测普通阻值电阻

本实验需要：MF47型万用表、碳膜电阻、金属膜电阻、线绕电阻、水泥电阻。

万用表只能检测1Ω至几兆欧之间的电阻值。具体的检测方法和步骤如下：

1) 调整万用表的机械零位。

2) 设定电阻量程（图2.27）。

图2.27 设定电阻量程

3) 调整零欧姆旋钮，使两表笔短接时指针指到电阻零位（图2.28）。

4) 用表笔正确接触电阻引线（图2.29）。红、黑表笔不分极性，但不得使人体的不同部位同时接触电阻的两端引出线。

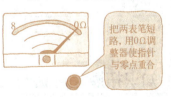

图2.28 调整零位

图2.29 用表笔接触电阻引线

5) 按表2.10所给出的电阻进行识读和检测,并将结果记入表中。每个实验小组按本实验器材要求准备各种常用电阻一套,教师指导学生识别和检测。

表2.10　实测电阻器的各项参数记录表

品种	型号	标称阻值	允许误差	参数标注法	实测值	标称值与实测值的差
碳膜电阻						
金属膜电阻						
线绕电阻						
水泥电阻						

注意:

1. 按照万用表的操作要求和注意事项,在万用表上尝试实际操作,切实掌握操作要领。

2. 万用表表盘上的电阻刻度线是不均匀的,越往左边,刻度越密,电阻值也越大。所以测电阻时,表针将从电阻值的无穷大处向小电阻值方向(往右边)偏转,表针偏转角度越大,表示电阻值越小。如果表针停留在两个小格之间,则应根据刻度线从左至右逐渐变稀的趋势估计读数。

3. 在测电阻时,应将表针停留处的读数乘以转换开关停留位置的倍率。例如,表针停留在读数"2"的刻度线上。如果转换开关在"×100"的位置,则该电阻阻值为

$$R = 2 \times 100(\Omega) = 200\Omega$$

若转换开关置于×1k的位置,则

$$R = 2 \times 1k(\Omega) = 2000\Omega$$

知识拓展　用兆欧表和直流双臂电桥检测直流电阻的方法

兆欧表与万用表和电桥不同,其专用于测量高阻值电阻;而双臂电桥主要用于对低阻值电阻进行精确测量,它可以测0.0001~11Ω的电阻。

一、常用兆欧表及其测量方法

1. 常用的兆欧表

兆欧表的外形结构如图2.30所示。兆欧表专用于测量高阻值电阻,测量范围为1MΩ至无穷大,单位为兆欧(MΩ)。兆欧表大量用于测量各类线路和设备的绝缘电阻。

知识拓展 用兆欧表和直流双臂电桥检测直流电阻的方法

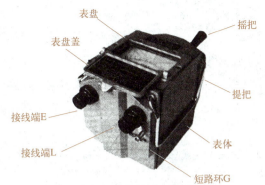

图2.30 兆欧表的外形结构

2. 兆欧表使用方法与注意事项

在使用兆欧表前,要检查仪表是否可用。兆欧表的使用方法和注意事项如下。

第一步:将仪表平稳置于坚实台面,使L、E开路,摇动手柄逐步达到额定转速120r/min,表针读数应为无穷大(图2.31)。

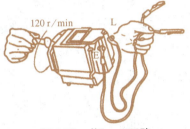

图2.31 将L、E开路

方法要点:若表针不能稳定停留在无穷大处,则该仪表不能用。

注意事项:按顺时针方向摇动手柄时,人体不能接触接线柱、线路的任何裸露部分,以免触电。

第二步:将L、E短接,缓慢摇动手柄,表针应指在零刻度上(图2.32)。

图2.32 将L、E短接

方法要点:若表针不能稳定停留在零刻度上,则该仪表不能用。

注意事项:摇动手柄时速度不能太快,无须达到额定转速,以免损坏仪表。

3. 测量电机或低压电器绝缘电阻

接线要求:L接电机绕组或其他电器的导电部分,E接外壳(图2.33)。

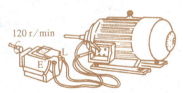

图2.33 测量电机或其他电器的绝缘电阻

方法要点:1)摇动手柄转速由慢到快,最后稳定在120r/min,1min后读数,允许20%误差。

2)被测线路和设备在测量前绝不能带电,若有电容,应先摇动一会儿,使兆欧表对电容充电,待表针稳定后再读数。

注意事项:1)连接接线柱的连线用绝缘良好的单股导线,且不能绞合。

2)测量完毕,在兆欧表没停止摇动或设备没放完电前,人体不可接触被测裸露

43

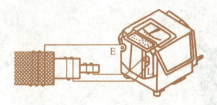

图2.34 测量电缆芯线与外壳间的绝缘电阻

部分，以免触电。

3) 测量中若发现表针突然指零，应停止摇动手柄。

4. 测量电缆芯线与外壳间的绝缘电阻

接线要求：接线端L接被测电缆芯线，接线端E接电缆外壳（图2.34），短路环G接电缆芯线与外壳之间的绝缘层（图2.30）。

方法要点与注意事项同测量电机或低压电器绝缘电阻。

二、用直流双臂电桥测低阻值电阻的方法

1. QJ44型直流双臂电桥

双臂电桥中携带和操作都比较方便的是QJ44型直流双臂电桥，又名**凯尔文电桥**（图2.35），它用于测量0.0001～11Ω的低阻值电阻。双臂电桥的优点是能有效消除测量中的接触电阻和线路电阻。测量可精确到0.2%。它的实物图和面板布局如图2.35和图2.36所示。

它在测量中的挡位切换可通过面板上的步进旋钮、倍率转换旋钮和滑线读数盘配合选取。它们各自拥有的挡位可以直接从面板上看出。

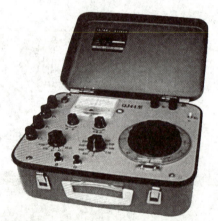

图2.35 QJ44型直流双臂电桥实物图

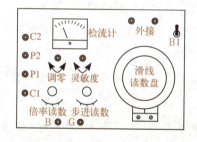

图2.36 QJ44型直流双臂电桥面板布局示意图

2. QJ44型直流双臂电桥的使用方法

为了帮助初学者掌握直流双臂电桥的用法，图2.36给出了它的面板布局示意图。

下面根据该图介绍QJ44型直流双臂电桥测量低阻值电阻的方法和步骤。

1) 开始测量前先将仪器内部晶体管放大器电源开关B1置于接通位置，预热约5min，待放大器工作稳定后，旋动调零旋钮，使检流计指针停留在零位。

2) 旋动灵敏度旋钮使灵敏度最低。

3）为了节约测量时间，在将被测电阻接入仪器前，先用万用表粗测一个电阻值。在调节倍率开关时可直接拨在这个粗测值附近的挡位上，从而可以提高效率。

4）在面板左边的四个接线柱中。C1、C2为电流端钮，P1、P2为电压端钮。测量时先用粗铜线或铜片分别将C1、P1和C2、P2接通，再将被测电阻接于P1、P2之间。

5）先按下按钮B，再按下按钮G，调节步进旋钮、滑线读数盘及倍率旋钮，使检流计指针指零。

6）适当提高灵敏度，重调步进旋钮、滑线读数盘及倍率旋钮，使检流计指针指零即可读数。

7）所测电阻值=（步进旋钮数+滑线盘读数）×倍率读数。

8）测量完毕，先断开按钮G，后断开按钮B，再关闭仪器电源。

特别提示：万用表、兆欧表和电桥使用的注意事项如下。

1. 实验前必须反复熟悉万用表、兆欧表和电桥的使用方法。千万不能用错，严重时可能烧坏仪表，甚至造成安全事故。

2. 因为兆欧表的接线端输出电压高，在使用的整个过程中，不得碰触它的裸露部分，否则容易引起触电。

3. 使用电桥测电阻时，电阻的连接导线必须是电阻极小的粗铜丝或铜片，接线旋钮必须压紧，尽量减小测量中的线路电阻和接触电阻，保证测量的精确度。

动脑筋

1. 在家里找一个旧的电子电器拆开，数一数里面有多少个电阻，看你能否读出每个电阻的标称阻值和允许误差。

2. 在测量过程中，哪些地方要特别注意人身安全？

万用表、兆欧表和电桥的使用是很重要的技能哦！

2.4 欧姆定律

前面我们学习了电路的基本物理量，如电流、电压、电阻及电动势等。在电路中这些物理量之间有何内在关系呢？德国物理学家欧姆用实验回答了这一问题。由于这一规律是由欧姆通过实验发现的，所以科学界将它命名为欧姆定律。

小实验 认识电路中电流与电压和电阻的关系

图 2.37(a) 是小实验的电路图。

将开关 S 打到 a 位置，观察灯泡的亮度。然后，再将开关 S 分别打到 b 和 c 位置，再观察灯泡的亮度。我们会发现开关打到 b 时，比开关打到 a 时亮，打到 c 时最亮。

我们将灯泡换成阻值为 3 Ω 的电阻 R [图 2.37(b)]，重复上面的步骤，测量电阻 R 的电流 I 和电压 U，记入表 2.11。我们会发现当电压增加 1 倍时，电流也增加 1 倍。由此可知，电流与电压成正比。

表 2.11 小实验记录表

开关位置	U / V	I / mA	U/I = R
a			
b			
c			

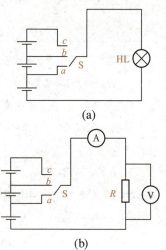

图 2.37 小实验的电路图

德国科学家欧姆解释了电路中的这些现象，通过分析电路中电流、电压和电阻的相互影响的关系，总结出了欧姆定律。

欧姆定律适用于电路中不含电源和含有电源两种情况，不含电源电路的欧姆定律叫部分电路欧姆定律，含有电源电路的欧姆定律叫全电路欧姆定律。

2.4.1 部分电路的欧姆定律

在不含电源的电路中,电流与电路两端的电压成正比,与电路的电阻成反比,其数学表达式为

$$I = \frac{U}{R} \tag{2.6}$$

式中,I——电路中的电流,A;

U——电路两端的电压,V;

R——电路中的电阻,Ω。

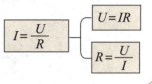

特别提示:利用部分电路欧姆定律,在电路中的电流、电压与电阻三个量中,已知其中两个量,即可求出另一个量,即

这就是部分电路欧姆定律,是电路计算的基本定律之一。

利用这个关系式,在电压、电流及电阻三个量中,只要知道两个量的值就能知道第三个量的值。

部分电路欧姆定律中电阻的阻值是常量,它不随电流、电压的变化而变化。这种电阻叫**线性电阻**,由这种电阻组成的电路叫**线性电路**。

在电阻材料中,还有一类电阻的阻值不是常量,它的电阻值会随着加在它两端的电压和通过它的电流的变化而变化,这类电阻叫**非线性电阻**,由它所组成的电路叫**非线性电路**。

【例2.4】有一只固定电阻,测得电阻R为50Ω,将它接在6V的电路中,试计算此时通过该电阻的电流有多大?

解:根据部分电路欧姆定律,电流I可由下式求出

$$I = \frac{U}{R} = \frac{6}{50} = 0.12 \text{ (A)}$$

答:通过这只电阻中的电流为0.12A。

2.4.2 全电路欧姆定律

部分电路欧姆定律是不考虑电源的,而大部分电路有电源,这种含有电源的直流电路叫**全电路**(图2.38)。对全电路的计算,需用全电路欧姆定律解决。全电路欧姆定律:**在全电路中,电流与电源电动势成正比,与电路的总电阻(外电路电阻与电源内阻之和)成反比**,其数学表达式为

$$I = \frac{E}{R+r} \tag{2.7}$$

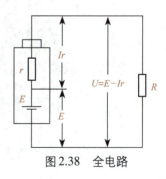

图2.38 全电路

根据全电路欧姆定律,可以分析电路的三种情况。

1) 通路:在$I = \frac{E}{R+r}$中,E、R、r数值为确定值,电流也为确定值,电路工作正常。

2) 短路：当外电路电阻 $R=0$ 时，由于电源内阻 r 很小，则 $I=\dfrac{E}{r}$，电流趋于无穷大，将烧毁电路和用电器，严重时造成火灾，实际应用时应该尽量避免。为避免短路造成的严重后果，电路中专门设置了保护装置。

3) 断路（开路）：此时 $R=\infty$，有 $I=\dfrac{E}{R+r}=0$，即电路不通，不能正常工作。

2.5 电阻的串联与并联

在电路中，人们通过电阻的并联和串联来调整控制电路中电流的走向、大小，以及实现电路的降压、限流、分压与分流。因此，电阻串联（图2.39）、电阻并联（图2.40）的方式和方法对电路的功能实现具有重要作用。

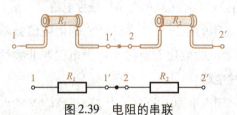

图 2.39　电阻的串联

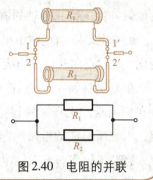

图 2.40　电阻的并联

图 2.41　圣诞树的挂灯串联电路

2.5.1 电阻串联

将两个及两个以上电阻连成一串称为**电阻串联**，如图 2.39 和图 2.41 所示。

1. 串联电路的特性

实验研究证明，串联电路具有如下特征：

1) 串联电路中的电流处处相等，即

$$I=I_1=I_2=\cdots=I_n \tag{2.8}$$

2) 各电阻两端的电压根据欧姆定律有下列关系：

$$U_1=R_1 I,\ U_2=R_2 I,\ \cdots \tag{2.9}$$

式中，U_1、U_2 分别称为电阻 R_1、R_2 的电压降，它们之和等于电源电压 U，因此

$$U=U_1+U_2+\cdots+U_n \tag{2.10}$$

3) 串联电阻的等效电阻（总电阻）等于各串联电阻值之和，即

$$R=R_1+R_2+\cdots+R_n \tag{2.11}$$

2. 电阻串联的应用——串联分压

根据欧姆定律 $U=IR$、$U_1=I_1R_1\cdots U_n=I_nR_n$，及串联电路的特性可得到下式：

$$\frac{U_1}{U_n}=\frac{R_1}{R_n} \quad \text{或} \quad \frac{U_n}{U}=\frac{R_n}{R}$$

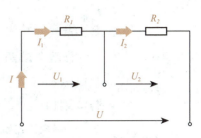

图2.42　电阻串联电路

电阻串联时，由于流过各电阻的电流相等，因此各电阻两端的电压按其电阻进行分配。这就是电阻串联用于**电路分压**的原理。

各电阻两端的电压与各电阻阻值大小成正比，在电阻值大的电阻两端，可以得到高的电压，反之则得到的电压就小。这是串联电路性质的重要推论。

若已知两个串联电阻（图2.42）的总电压 U 及电阻 R_1、R_2，则可写出下式：

$$U_1=\frac{R_1}{R_1+R_2}U \quad \text{和} \quad U_2=\frac{R_2}{R_1+R_2}U$$

上式通常被称为串联电路的分压公式，掌握这一公式，可以非常方便地计算串联电路中各电阻的电压。

电阻串联的重要作用是分压。当电源电压高于用电器所需电压时，可通过电阻分压提供给用电器最合适的电压，如扩大电压表量程。

3. 串联电阻的功率分配

各个电阻上所分配的功率与阻值成正比，对两个电阻的串联电路，有

$$\frac{P_1}{P_2}=\frac{R_1}{R_2} \tag{2.12}$$

4. 串联电路的计算

利用上述串联电阻的关系公式，我们可以对串联电路中的电阻、电流、电压，以及功率进行计算。

【例2.5】 电路如图2.43所示，已知 $R_1=5\Omega$，$R_2=7\Omega$，电源电压为 $U=6V$，试计算该电路等效电阻、电路电流和 R_1 两端的电压。

解：

等效电阻为

$$R=R_1+R_2=5+7=12(\Omega)$$

电路电流为

$$I=\frac{U}{R}=\frac{6}{12}=0.5(A)$$

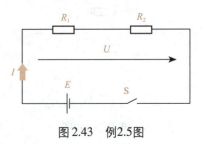

图2.43　例2.5图

R_1 两端的电压为

$$U_1=IR_1=0.5\times 5=2.5(V)$$

答：该电路等效电阻为 12Ω，电流为 $0.5A$，R_1 两端电压为 $2.5V$。

2.5.2 电阻并联

将两个或两个以上电阻并排连接的方式称为**电阻并联**。例如，两个电阻 R_1 及 R_2 并联，如图 2.40 所示，是将 1 端与 2 端相连，将 1′ 端与 2′ 端相连。

1. 并联电路的特性

实验研究证明，并联电路具有如下特征：

1) 并联电路中的总电流等于各支路电流之和，即

$$I = I_1 + I_2 + \cdots + I_n \tag{2.13}$$

2) 各支路上电压相等，都等于总电压，即

$$U = U_1 = U_2 = \cdots = U_n \tag{2.14}$$

3) 总电阻的倒数等于各电阻的倒数和，即

$$\frac{1}{R} = \frac{1}{R_1} + \frac{1}{R_2} + \cdots + \frac{1}{R_n} \tag{2.15}$$

两个电阻并联其总电阻为

$$R = \frac{R_1 R_2}{R_1 + R_2}$$

2. 电阻并联的应用——并联分流

根据并联电路电压相等的性质可得

$$\frac{I_1}{I_2} = \frac{R_2}{R_1} \quad \text{或} \quad \frac{I_2}{I_1} = \frac{R_1}{R_2}$$

上式表明，在并联电路中电流的分配与电阻成反比，即阻值越大的电阻所分配到的电流越小；反之所分配电流越大。这是并联电路性质的重要推论，应用较广。当用电器所需电流较小时，可用并联电阻分流，如扩大电流表量程。

如图 2.44 所示，两个电阻 R_1、R_2 并联，并联电路的总电流为 I，则总电阻为

$$R = \frac{R_1 R_2}{R_1 + R_2}$$

由上式可得，两个电阻中的分流 I_1、I_2 分别为

$$I_1 = \frac{R_2}{R_1 + R_2} I \quad \text{或} \quad I_2 = \frac{R_1}{R_1 + R_2} I$$

3. 并联电阻的功率分配

并联电阻的功率分配与各个电阻的阻值成反比，以两个电阻的并联电路为例有如下表达式：

$$\frac{P_1}{P_2} = \frac{R_2}{R_1} \tag{2.16}$$

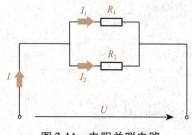

图 2.44 电阻并联电路

4. 并联电路的计算

我们可以运用上述并联电阻的特性及其应用的关系公式，对并联电路中的电流、电阻、电压、功率等进行计算。

【例2.6】 电路如图 2.45 所示，已知电源电压 $U=3\text{V}$，$R_1=4\Omega$，$R_2=6\Omega$，试计算该电路等效电阻、通过 R_2 的电流和它所消耗的功率。

解： 该电路等效电阻为

$$R = \frac{R_1 R_2}{R_1 + R_2} = \frac{24}{10} = 2.4\,(\Omega)$$

通过 R_2 的电流为

$$I_2 = \frac{U}{R_2} = \frac{3}{6} = 0.5\,(\text{A})$$

R_2 所消耗的功率为

$$P_2 = I_2 U = 0.5 \times 3 = 1.5\,(\text{W})$$

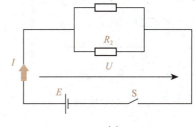

图 2.45　例2.6图

答： 该电路等效电阻为 2.4Ω，在 R_2 上通过的电流为 0.5A，R_2 所消耗的功率为 1.5W。

2.5.3　串并联等效电阻的计算方法

1. 串并联电阻的计算方法

如图 2.46(a) 所示，R_2 与 R_3 并联，再与另一电阻 R_1 串联，这称为**电阻串并联**，也叫电阻的混联。

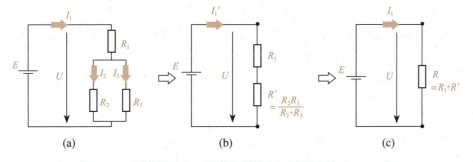

图 2.46　串并联与等效电阻计算方法

为了求出串并联的等效电阻，只要先求出图 2.46(a) 的并联部分的等效电阻 R' [图2.46(b)]，然后与 R_1 串联，再置换为另一个等效电阻 R [图 2.46(c)] 即可。

在图 2.46(a) 中，若 $R_1=2.5\text{k}\Omega$，$R_2=2\text{k}\Omega$，$R_3=3\text{k}\Omega$，则等效电阻 $R=3.7\text{k}\Omega$。

2. 电阻串并联电路的计算

利用电阻串联、并联的相关公式，可以将电阻进行串联或并联组

【例2.7】 电路如图 2.47 所示。已知 $R_1=3\Omega$，$R_2=6\Omega$，$R_3=4\Omega$，电源电压 $U=6V$，试计算该电路的等效电阻、通过 R_3 的电流、R_3 两端的电压 U_3 和它所消耗的功率 P_3。

解：该电路既有串联又有并联，属于混联电路，其中 R_1 与 R_2 并联，再与 R_3 串联。

(1) 计算电路的等效电阻

R_1 与 R_2 并联的总电阻为

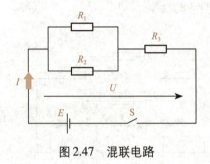

图 2.47 混联电路

$$R_{12} = \frac{R_1 R_2}{R_1+R_2} = \frac{3 \times 6}{3+6} = 2\ (\Omega)$$

R_1 与 R_2 并联再与 R_3 串联，电路总电阻为

$$R_{123} = R_{12} + R_3 = 2 + 4 = 6\ (\Omega)$$

(2) 计算通过 R_3 的电流和它两端的电压 U_3

通过 R_3 的电流就是该电路总电流，即

$$I = \frac{U}{R_{123}} = \frac{6}{6} = 1\ (A)$$

R_3 两端电压为

$$U_3 = I R_3 = 1 \times 4 = 4\ (V)$$

(3) 计算 R_3 所消耗的功率

$$P_3 = I U_3 = 1 \times 4 = 4\ (W)$$

答：该电路等效电阻为 6Ω，通过 R_3 的电流为 1A，R_3 两端的电压为 4V，它所消耗的功率为 4W。

动脑筋

1. 如果把两个 220V、60W 的灯泡串联后接在 220V 的家庭用电插座上，会有什么效果？如果将其中一个灯泡换成 15W，又会有什么效果？

2. 有时乘汽车会遇到这样的情况，汽车启动不了时，驾驶员心里着急，就连续几次启动马达（汽车启动用电动机）。前几下还有马达转动的声音，随后逐渐减弱直至没有声音，这是什么原因？

巩固训练：利用串联分压原理扩大电压表量程

电压表的表头线圈由直径非常细小的电磁线绕成，只能通过微小电流，电流稍大就会被烧毁。在技术上利用分压原理，在它的表头线圈上串联高阻值电阻，使其分去大部分电压，让表头线圈只承受很低的电压，而在仪表的刻度盘上，又是按照分压电阻与表头电阻分压的比例换算后进行刻度的。这样虽然表头线圈承受电压不高，却能指示出实际电压的数值，由此扩大了电压表的量程。

如图 2.48 所示，表头线圈电阻为 R_g，串联的分压电阻为 R_x，则它们的电压分配为

$$U = U_x + U_g = IR_g + IR_x$$

因为 $R_x \gg R_g$，所以表头承受电压很小，这就是扩大电压表量程的原理。

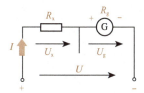

图 2.48 利用分压原理扩大电压表量程

如图 2.48 所示是万用表的电压扩程电路，它的表头内电阻 $R_g = 10\text{k}\Omega$，满刻度电流（即允许通过的最大电流）$I_g = 50\mu\text{A}$，若改装成量程（即测量范围）为 10V 的直流电压表，则应串联多大的电阻？

通过分压公式计算，应该选用的电阻 R_x 为_____$\text{k}\Omega$。

巩固训练：利用并联分流原理扩大电流表量程

电流表因表头线圈直径很小而只能通过微小电流，实用价值不大。为了扩大电流表量程，根据并联电阻的分流原理，可以在表头线圈上并联阻值适当小的分流电阻 R（阻值越小，分去的电流越大）。在制作电流表表盘刻度时，可按照表头电阻与分流电阻分流的比例换算后进行刻度，由此扩大电流表的量程。在图 2.49 中有

$$I = I_g + I_x$$

式中，I——被测电路总电流；

I_g——通过电流表线圈电流；

I_x——通过分流电阻的电流。

设电路两端电压为 U，则分流电阻阻值为

$$R_x = \frac{U}{I_x}$$

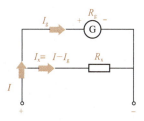

图 2.49 利用分流原理扩大电流表量程

设电流表 G 允许通过的最大电流 I_g 为 40μA，线圈电阻 $R_g = 3750\Omega$，现要将量程扩大到 500mA，则应并联多大的电阻？

我们可以通过 $U_g = I_g R_g = (I - I_g) R_x$ 得到

$$R_x = \frac{I_g R_g}{I - I_g}$$

请通过上述公式计算，并联分流电阻 R_x 为_____$\text{k}\Omega$ 才符合要求。

2.6 基尔霍夫定律及其应用

前面学习的串联、并联及混联电路，都可以简化成无分支的电路进行计算，这种电路称为简单电路。在电工技术中，还有一些电路是不能通过串、并联关系简化成无分支电路的，这种电路称为复杂电路。复杂电路的分析与计算需要运用基尔霍夫定律。

简单电路中，其电流、电压、电阻等可利用欧姆定律进行计算。但是，对于复杂电路，用欧姆定律进行计算是不行的，比较方便的是采用将欧姆定律加以发展的基尔霍夫定律。

为了给学习基尔霍夫定律做好准备，下面先介绍几个用于复杂电路的专用名词。

支路：由一个或几个元件（如图 2.50 中的电阻和电池）组成的无分支的电路称为支路。在同一支路中，流过所有元件上的电流相等。

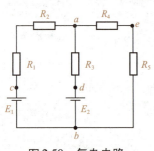

图 2.50 复杂电路

如图 2.50 中的 R_2、R_1、E_1 就构成了第一条支路 acb，而 R_3、E_2 构成了第二条支路 adb；R_4、R_5 构成第三条支路 aeb。

节点：在交通上，称为枢纽，相当于城市交通要道上的"转盘"，南来北往的汽车从外面开进转盘，又从转盘开出。对电路而言，"枢纽"则被称为节点，所谓节点，就是三条或三条以上的支路连接成的一个点，如图 2.50 中的 a 点。

回路：电路中的任何一个闭合路径都称为回路。如图 2.50 中的 $acbda$、$adbea$、$acbea$ 都是回路。

网孔：电路中不能再分的回路（中间无任何支路穿过）称为网孔。如图 2.50 中的 $acbda$、$adbea$ 都是网孔。

2.6.1 基尔霍夫第一定律

我们先来理解基尔霍夫第一定律及其使用方法（图 2.51 和图 2.52）。

[基尔霍夫第一定律] 流入电路中某一节点（又称为分支点）的电流之和应与由该节点流出的电流之和相等，即流进和流出某节点的全部电流的代数和等于零。

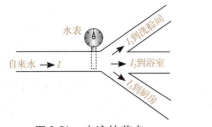
图 2.51 水流的节点

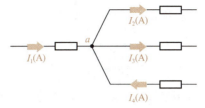
图 2.52 节点电流

对于基尔霍夫第一定律，必须真正理解求如图 2.52 所示的节点 a 的电流代数和的方法。即设流入 a 点的电流为正（+），从 a 点流出的电流为负（-），这样来构成它们的代数和为零的数学式，即

$$(+I_1)+(+I_4)+(-I_2)+(-I_3)=0$$

2.6.2 基尔霍夫第二定律

基尔霍夫第二定律的内容如下：

> [基尔霍夫第二定律] 沿任意闭合回路绕行一周的所有电压代数和为零，即沿着闭合回路绕行一周，所有电压降的代数和与所有电动势的代数和相等。

所谓闭合回路，指的是如图 2.53 所示的 $a→b→c→d→a$ 那样，沿电路循环一周的路径。$d→e→f→c→d$ 也是闭合回路。在对某一回路应用基尔霍夫第二定律建立数学式时，应特别注意弄清闭合回路是如何循环一周的，这是很重要的，即要注意求电动势代数和或求电压降代数和时，是按顺时针方向的回路还是按逆时针方向的回路绕行，式子的符号是不一样的。

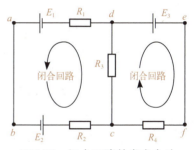
图 2.53 闭合回路的考虑方法

在求电动势及电压降的代数和时，关于其符号的确定方法必须牢记表 2.12 所示规则。

表 2.12 电动势及电压降的符号确定方法

内容	电动势符号的确定方法		电压降符号的确定方法	
规定正方向 回路绕行方向	电动势规定方向 回路绕行方向	电动势规定方向 回路绕行方向	电压规定方向 回路绕行方向	电压规定方向 回路绕行方向
物理量正负值	$E(V)$ 为 "+"	$E(V)$ 为 "-"	电压 U 为 "+"	电压 U 为 "-"

2.6.3 基尔霍夫定律在电路计算中的应用——支路电流法

支路电流法是以支路电流为未知量,利用基尔霍夫两条定律列出方程组联立求解的方法。使用基尔霍夫定律的原则是,根据两条定律先写出和未知数个数相等的数学式,然后通过解联立方程式来求得电路的电流大小。

下面用两个例题来对基尔霍夫定律在计算中的应用进行说明。

【例2.8】 图2.54是电工仪器上常用的电桥电路,已知:$I_1=25\text{mA}$,$I_3=16\text{mA}$,$I_4=12\text{mA}$,求各支路电流。

解:任意假定未知电流I_2、I_5、I_6的参考方向如图2.54所示。在点a应用基尔霍夫第一定律列出电流方程为

$$I_1 - I_2 - I_3 = 0$$

则

$$I_2 = I_1 - I_3 = 25 - 16 = 9 \text{ (mA)}$$

在节点b和c应用基尔霍夫第一定律得

$$I_2 - I_5 - I_6 = 0$$
$$I_3 - I_4 + I_6 = 0$$

由此可求出I_5、I_6,即

$$I_6 = I_4 - I_3 = 12 - 16 = -4 \text{ (mA)}$$
$$I_5 = I_2 - I_6 = 9 - (-4) = 13 \text{ (mA)}$$

答:用基尔霍夫第一定律计算结果,I_2为9mA,I_5为13mA,I_6为-4mA,其中的负号表示这个电流的假定方向与实际方向相反。

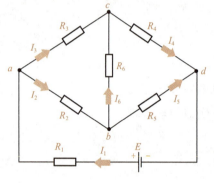

图2.54 电桥电路的计算

【例2.9】 图2.55是用两个并联电源向电阻供电的直流电路。已知$E_1=130\text{V}$,$E_2=117\text{V}$,$R_1=1\Omega$,$R_2=0.6\Omega$,$R_3=24\Omega$,试求三条支路的电流I_1、I_2、I_3。

解:第一步,假定各支路电流的参考方向及回路绕行方向如图2.55所示。

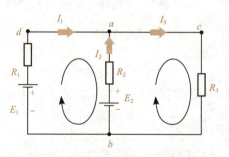

图2.55 闭合回路的电流方向假定

第二步，利用基尔霍夫第一定律列出节点电流方程，因该电路有两个节点，只能列一个方程（$n-1$），在节点 a 有

$$I_1 + I_2 - I_3 = 0$$

第三步，利用回路电压定律针对两个网孔列出两个回路电压方程：

在 $abda$ 回路的电压方程为

$$I_1 R_1 - I_2 R_2 - E_1 + E_2 = 0$$

在 $acba$ 回路的电压方程为

$$I_2 R_2 + I_3 R_3 - E_2 = 0$$

第四步，建立联立方程组

$$\begin{cases} I_1 + I_2 - I_3 = 0 \\ I_1 R_1 - I_2 R_2 - E_1 + E_2 = 0 \\ I_2 R_2 + I_3 R_3 - E_2 = 0 \end{cases}$$

代入已知数据得

$$\begin{cases} I_1 + I_2 - I_3 = 0 \\ 1I_1 - 0.6I_2 - 130 + 117 = 0 \\ 0.6I_2 + 24I_3 - 117 = 0 \end{cases}$$

解方程组得

$$I_1 = 10\text{A}, \quad I_2 = -5\text{A}, \quad I_3 = 5\text{A}$$

答：该电路三条支路的电流分别为 10A、-5A、5A。

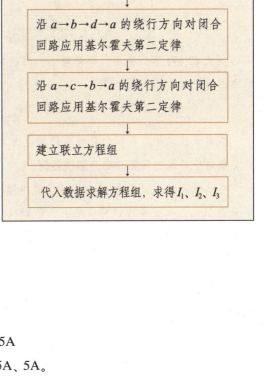

知识拓展　负载获得最大功率

在电源向负载供电的过程中，我们总希望负载能从电源吸取最大的功率，那么，要负载获得最大功率的条件是什么？最大功率有多大？这就是我们下面要讨论的问题。一部货运汽车自身质量为 4t，如果它运输货物（如油罐）6t，则发动机所付出的是拖动 10t 的功率。可见一部汽车的功率是不可能全部用于装载货物的，本例中只有 60% 的功率用于装载货物。

电路也是一样的，电源存在着内阻 r，电源的电压和功率也不可能全部输出到负载（外电路电阻 R）上，如图 2.56 所示。电源提供的

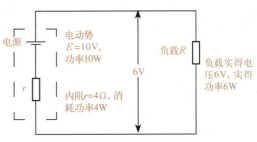

图2.56　电源内阻和负载功率分配

10W 功率有 4W 消耗在内阻上，负载只获得了 6W 的功率。人们都希望电源的功率最大限度地用在负载上，也就是要求负载能获得最大功率。负载怎样才能获得最大功率呢？

根据全电路欧姆定律：$I = \dfrac{E}{R+r}$，那么

$$P = I^2 R = \left(\dfrac{E}{R+r}\right)^2 R = \dfrac{E^2}{(R+r)^2} R = \dfrac{E^2 R}{R^2+2Rr+r^2} = \dfrac{E^2 R}{R^2-2Rr+4Rr+r^2}$$

$$= \dfrac{E^2 R}{(R^2-2Rr+r^2)+4Rr} = \dfrac{E^2 R}{(R-r)^2+4Rr} \tag{2.17}$$

从式 (2.17) 可以看出，电动势 E、内阻 r 是不变的，因此只有在 $R=r$ 时，负载上所获得的功率最大，即

$$P_{\max} = \dfrac{E^2}{4r} \tag{2.18}$$

在电子技术中，我们把负载获得的最大功率，即负载电阻与电源内阻相等的（即 $R=r$）状态叫负载与信号源的匹配，称为**阻抗匹配**。

在阻抗匹配时，由于 $R=r$，即负载电阻和电源内阻上消耗的功率相等，所以电源的使用效率只有 50%。也就是在这种状态下，负载只获得了电源功率的一半。但由于电子技术中能源消耗不大，更重要的是实现该电路的阻抗匹配，才能使电路达到最佳工作状态，在这里，效率的高低不是主要因素。

动脑筋

1. 在现实中有没有遇到过使负载获得最大功率的例子？试举例说明（必要时可调查讨论）。
2. 对于能量消耗大的系统，如电力系统，是否要强调阻抗匹配，使负载获得最大功率？

实训项目 1 常用电工材料与导线的连接

实训目的 学会认识电工常用的导电材料和绝缘材料；学会按照工艺要求剖削导线绝缘层；学会连接线头并恢复绝缘层。

实训器材 常用导电材料：常用裸导线、绝缘导线、漆包线、熔丝。
常用绝缘材料：黑胶带、涤纶胶带、黄蜡布、绝缘管、绝缘板、绝缘漆。
实训导线材料：小截面单股绝缘圆铜芯线（$1.5 \sim 2.5 mm^2$），较大截面（$4 \sim 6 mm^2$）单股绝缘圆铜芯线，小截面（单股截面$1.5 mm^2$）七股铜芯绝缘导线，$1.5 mm^2$铜芯绑扎线。

实训工具 钢丝钳、尖嘴钳、电工刀、电烙铁（带电烙铁支架、焊锡、松香适量）每人一套。

任务一 了解和认识常用导电材料

1. 常用导电材料

常用导电材料按用途的分类可分为

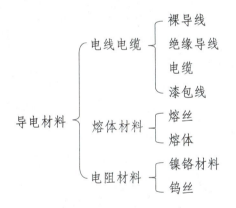

2. 电线电缆

了解和掌握常用电线电缆的名称、型号与用途是非常重要的。

电线电缆作为传输电流的载体，用途极为广泛。为了适应不同场合，电线电缆的型号、规格繁多。实训表1.1列出了常用电线电缆的名称、型号、用途及外形。

选用电线电缆的依据：

1) 允许载流量应大于负载最大电流值。

为了保证电线电缆在运行中工作温度不超过最高允许值，在技术上是通过选择线芯横截面积来控制电流量的。芯线横截面积越大，允许通过的电流量越大。常用铜芯绝缘导线的允许载流量见实训表1.2。

实训表1.1 常用电线电缆的名称、型号与用途

名称	型号	规格选用要点	用途	外形
聚氯乙烯绝缘铜芯线 聚氯乙烯绝缘铝芯线 裸铜线 铜芯橡胶线 铝芯橡胶线 铝芯氯丁橡胶线	BV BLV BX BLX BLXF	交流500V及以下（负载电流由线径、敷设方式、环境等因素决定）	架空线、室内照明和动力电路上用于电流传输	
聚氯乙烯绝缘铜芯软线	BVR	交流500V及以下（负载电流由线径、敷设方式、环境等因素决定）	移动不频繁场所电源连接线	
聚氯乙烯绝缘双股铜芯绞合软线 聚氯乙烯绝缘双股平行铜芯软线	BVS RBV		移动电具、吊灯电源连接线	
棉纱编织橡胶绝缘双根铜芯绞合软线（花线）	BXS	交流250V及以下（负载电流由线径、敷设方式、环境温度等决定。多股线还与线芯股数有关）	吊灯电源连接线	
聚氯乙烯绝缘护套铜芯软线（双根或三根）	BVV		室内外照明和小容量动力线	
氯丁橡胶绝缘护套铜芯软线	RHF		250V室内外小型电气工具电源连接线	
聚氯乙烯绝缘护套铜芯软线	RVZ	交流500V及以下（负载电流由线径、敷设方式、环境等因素决定）	交、直流额定电压为500V及以下移动式电器电源连接线	

2）电线电缆的额定电压应大于线路的峰值电压（最高电压）。

3）有足够的机械强度。

4）绝缘导线的型号命名法。按照国家标准的相关规定，绝缘导线的型号命名由四部分构成（实训图1.1）。

实训表1.2 常用铜芯绝缘导线的允许载流量

横截面积/mm²	允许载流量/A	
	橡胶绝缘	塑料绝缘
0.75	18	16
1.0	21	19
1.5	27	24
2.0	31	28
2.5	35	32
4.0	45	42
6.0	58	55
10.0	85	75

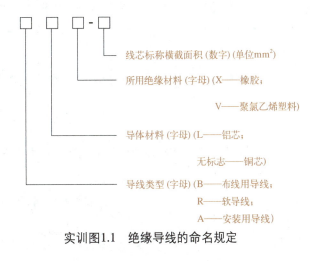

实训图1.1 绝缘导线的命名规定

根据实训图1.1中绝缘导线的命名规定,"BVR-1.5"表示标称横截面积为1.5mm²的聚氯乙烯铜芯绝缘软导线;"BLX-2.5"表示标称横截面积为2.5mm²的铝芯橡胶绝缘导线。

3. 漆包线(电磁线)

漆包线是在裸铜线外面喷涂一层绝缘漆的导线,它的绝缘层就是裸线外层的漆包膜。这层漆包膜绝缘性能好、粘结牢固、均匀光滑,多用于电机、变压器、各种继电器及电工仪表制作电磁绕组用,其产品如实训图1.2所示。

4. 常用熔体材料(电路保险用)

(1) 常用熔断器与熔体

熔体材料是构成熔断器的核心材料。熔断器在电路中的保护作用就是通过熔体实现的。一旦电路超过负载电流允许值或温升允许值等,熔断器的熔体动作,切断故障电路,保护了线路和设备。所以,熔体都是由熔点低、导电性能好、不易被氧化的合金材料或某种金属材料制成的。根据电路的要求不同,熔断器的种类、规格和用途的不同,熔体可制成丝状、带状、片状等。

实训图1.2 漆包线产品

在电工技术中,由于对熔体的封装不同,常用的有裸熔丝(如用在家用刀开关上的熔丝)、玻璃管熔丝(如用在电器上的熔丝管)、陶瓷管熔丝(如用在螺旋式熔断器中的熔丝管)等。

(2) 熔体材料的选用原则

熔体置于熔断器中,是电路运行安全的重要保障。在选用熔体时,必须遵循下列原则。

1) 照明电路上熔体的选择:熔体额定电流等于负载电流。

2) 日常家用电器,如电视机、电冰箱、洗衣机、电暖器、电烤箱等,熔断额定电流等于或略大于上述所有电器额定电流之和。

3) 电动机类的负载：对于单台电动机，熔体额定电流是电动机额定电流的1.5～2.5倍；对于多台电动机，熔体额定电流是容量最大一台电动机额定电流的1.5～2.5倍加其余电动机额定电流之和。

4) 熔体与电线额定电流的关系：熔体额定电流应等于或小于电线长时间运行的允许电流的80%。

5. 实训记录

按照实训表1.3提供的电线电缆进行识别，并将这些电线电缆的型号、规格和典型用途记入表中。

实训表1.3　常用电线电缆识别记录

电线电缆	型号	直径/mm	截面积/mm²	典型用途
裸铜线				
铜芯橡胶线				
铝芯橡胶线				
聚氯乙烯绝缘单股铜芯线				
聚氯乙烯绝缘多股铜芯线				
聚氯乙烯绝缘双股护套线				
聚氯乙烯绝缘多股铜芯软线				

■ 巩固训练：根据所学知识选用合适的电线电缆

1. 某架线工程需要选用在交流500V及以下架空线用的导线。请提供两种导线供选择，并说明情况。

可选用：1) 名称_____ 型号_____

2) 名称_____ 型号_____

2. 某室内装修用电动工具需要交流250V及以下的电源线，请提供两种导线供选择，并说明其名称和型号。

可选用：1) 名称_____ 型号_____

2) 名称_____ 型号_____

任务二 了解和认识常用电工绝缘材料

绝缘材料的电阻率很高，导电性能差甚至不导电，在电工技术中大量用于制作带电体与外界隔离的材料。自然界绝缘材料种类繁多。

常用电工绝缘材料的主要性能指标有绝缘耐压强度、耐热等级、绝缘材料的抗拉强度、膨胀系数等。

1. 常用绝缘材料以及用途

(1) 绝缘胶带

绝缘胶带的品种之一就是我们平时用于包缠裸线头的黑胶带或涤纶薄膜带，如实训图 1.3 所示。它在常温下有良好粘结性能，在包缠裸线头时，可通过自身的黏性将裸线头包缠牢固以保证其绝缘性能和机械强度。

实训图 1.3 常用绝缘胶带

(2) 绝缘管

绝缘管品种很多，如常用于保护电线电缆的塑料管、橡胶管。使用更为普遍的是绝缘漆管，如用于家用电器、电机、变压器绕组端头引出线接头的保护用绝缘套管，其外形如实训图 1.4 所示。

实训图 1.4 绝缘管

(3) 绝缘板

绝缘板大量用作家用电器中印刷线路板的基材、各种电器的底板、线圈支架、电机槽楔等，它以纸、布、玻璃布等绝缘材料作底材，加入适合的胶黏剂，经过热压、烘焙而成，如实训图 1.5 所示。绝缘板具有良好的电气与力学性能，所以在电气技术中应用相当广泛。

实训图 1.5 绝缘板

(4) 绝缘漆、绝缘油

绝缘漆是一种重要的液态绝缘材料。它具有良好的绝缘性能、耐热性能、力学性能。常见的绝缘漆有两类。一类是浸渍漆，主要用于浸渍电机、变压器绕组，填充空隙，将绕组粘结成一个绝缘性能好、机械强度高的整体。另一类是涂敷漆，主要用于覆盖电器、零部件、绕组外表，以防止氧化锈蚀、机械损伤、油污、化学腐蚀等。

绝缘油也是一种液态绝缘材料，主要用于变压器等设备绕组的散热和绝缘。

(5) 电工塑料

电工塑料的主要成分是树脂，常用的有酚醛塑料、ABS 塑料等，它们具有良好的电气绝缘性能和力学性能。在一定温度下外形尺寸稳定便于加工成形和表面喷涂，主要用于制作各种电器外壳、各类绝缘支架、线圈骨架、底板等。

2. 实训操作

认识实训表 1.4 所列绝缘材料，并将它们的型号、主要用途记入表中。

实训表1.4　常用绝缘材料的认识

名称	型号	主要用途	名称	型号	主要用途
绝缘胶带			绝缘漆		
绝缘管			绝缘油		
绝缘板			电工塑料		

■ **巩固训练：了解和认识绝缘材料**

请同学们利用休息时间到电子电工商城走一走，看一看，问一问，并记录和列举下列三种绝缘材料的名称和型号及用途（实训表1.4中已认识的除外）：

1. 绝缘胶带：①_____　②_____
2. 绝缘管：①_____　②_____
3. 绝缘板：①_____　②_____

实训任务一与任务二成绩评定，见实训表1.5。

实训表1.5　认识导电材料、绝缘材料成绩评定表

评定内容	评定标准	自评得分	师评得分
表现、态度（6分）	好8分，较好6分，一般4分，差0分		
人身设备、器材安全、用料省（7分）	人身、设备、器材安全，用料省7分；出现安全事故，有浪费行为酌情扣分		
能识别常用电线电缆型号、截面及用途（42分）	本内容28项，每一项满分1.5分，部分填错按比例扣分		
巩固训练（21分）	电线电缆认识8项，绝缘材料认识6项，共14项，每项1.5分，部分填错按比例扣分		
能认识常用的几种绝缘材料（18分）	内容共12项，每项1.5分，部分填错按比例扣分		
实训报告（6分）	好6分，较好4分，一般2分，差0分		
总分			

实训指导教师：　　　　　学生：　　　　　完成时间：

任务三 常用导线的连接

为了做好这个实训,我们列表介绍常用导线线头加工的工艺要求与操作要点,另外还配了相关的操作示意图,以便于加深理解和掌握动作要领。同时要求按照实训表1.8、实训表1.9、实训表1.10所列的要求,做好实训的记录。

导线连接的具体步骤:①导线绝缘层的剖削(实训表1.6);②导线线头的连接(实训表1.7);③导线连接处绝缘层的恢复。

1. 导线绝缘层的剖削

导线绝缘层剖削的工艺与技术要求见实训表1.6。

实训表1.6 导线线头绝缘层的剖削

导线分类	操作工艺示意图	操作工艺与技术要求
塑料绝缘小截面硬铜芯线或铝芯线		① 在需要剖削的线头根部,适当用力用钢丝钳钳口(以不损伤芯线为度)钳住绝缘层;② 左手拉紧导线,右手握紧钢丝钳头部,用力将绝缘层强行拉脱
塑料绝缘软铜芯线		
塑料绝缘大截面硬铜芯线或铝芯线		① 电工刀与导线成45°,用刀口切破绝缘层;② 再将电工刀倒成15°~25°倾斜角向前推进,削去上面一侧的绝缘层;③ 将未削去的部分扳翻,齐根削去
塑料护套线		① 按照所需剖削长度,用电工刀刀尖对准两股芯线中间,划开护套层;② 扳翻护套层,齐根切去;③ 按照塑料绝缘小截面硬铜芯线绝缘层的剖削方法,用钢丝钳去除每根芯线绝缘层
橡胶套电缆		
橡胶线		① 用电工刀像剖削塑料护套层的方法去除外层公共橡胶绝缘层;② 用钢丝钳勒去每股芯线的绝缘层
花线		① 在剖削处用电工刀将棉纱编织层周围切断并拉去;② 参照上面方法用钢丝钳勒去芯线外的橡胶层
铅包线		① 在剖削处用电工刀将铅包层横着切断一圈后拉去;② 用剖削塑料护套线绝缘层的方法去除公共绝缘层和每股芯线的绝缘层

65

2. 导线线头的连接

导线线头连接的工艺与技术要求见实训表1.7。

实训表1.7 导线线头的连接工艺与技术要求

线头连接类型	操作示意图	操作工艺与技术要求
小截面单股铜芯线的直线连接	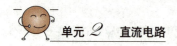	① 将去除绝缘层和氧化层的芯线两股交叉，互相在对方绞合2～3圈；② 将两线头自由端扳直，每根自由端在对方芯线上缠绕，缠绕长度为芯线直径的6～8倍，这就是常见的绞接法；③ 剪去多余线头，修整毛刺
大截面单股铜芯线的直线连接		① 在两股线头重叠处填入一根直径相同的芯线，以增大接头处的接触面；② 用一根截面在1.5mm²左右的裸铜线（绑扎线）在上面紧密缠绕，缠绕长度为导线直径的10倍左右；③ 用钢丝钳将芯线线头分别折回，将绑扎线继续缠绕5～6圈后剪去多余部分并修剪毛刺；④ 如果连接的是不同截面的铜导线，先将细导线的芯线在粗导线上紧密缠绕5～6圈，再用钢丝钳将粗导线折回，使其紧贴在较小截面的线芯上，再将细导线继续缠绕4～5圈，剪去多余部分并修整毛刺
小截面单股铜芯线的T形连接		① 将支路芯线与干路芯线垂直相交，支路芯线留出3～5mm裸线，将支路芯线在干路芯线上顺时针缠绕6～8圈，剪去多余部分，修除毛刺；② 对于较小截面芯线的T形连接，可先将支路芯线的线头在干路芯线上打一个环绕结，接着在干路芯线上紧密缠绕5～8圈
大截面铜芯线的T形连接	导线直径10倍	将支路芯线线头弯成直角，将线头紧贴干路芯线，填入相同直径的裸铜线后用绑扎线参照大截面单股铜芯线的直线连接的方法缠绕
七股铜芯线的直线连接		① 除去绝缘层的多股线分散并拉直，在靠近绝缘层约1/3处沿原来纽绞的方向进一步扭紧；② 将余下的自由端分散成伞形，将两伞形线头相对，隔股交叉直至根部相接；③ 捏平两边散开的线头，将导线按2、2、3分成三组，将第1组扳至垂直，沿顺时针方向缠两圈再弯下扳成直角紧贴对方芯线；④ 第2、3组缠绕方法与第1组相同（注意：缠绕时让后一组线头压住前一组已折成直角的根部，最后一组线头在芯线上缠绕3圈），剪去多余部分，修整毛刺

续表

线头连接类型	操作示意图	操作工艺与技术要求
七股铜芯线的T形连接		方法1：将支路芯线折弯成90°后紧贴干线，然后将支路线头分股折回并紧密缠绕在干线上，缠绕长度为芯线直径的10倍。 方法2：在支路芯线靠根部1/8的部位沿原来的绞合方向进一步绞紧，将余下的线头分成两组，拨开干路芯线，将其中一组插入并穿过，另一组置于干路芯线前面，沿右方向缠绕4～5圈，插入干路芯线的一组沿左方向缠绕4～5圈。剪去多余部分，修整毛刺
电缆线头连接		这种方式的连接适用于双芯、多芯电缆线、护套线。线头的连接方法与前面讲述的绞接法相同。应该注意的是，不同芯线的连接点应该错开，以免发生短路和漏电
小截面铜芯线头的焊接		① 将除去氧化层和污物的线头绞合，涂上无酸助焊剂；② 用50W以上的电烙铁在绞合部位施焊，使熔融的焊锡液渗透满绞合部位的缝隙并使焊点光滑美观
铜芯线头的针孔螺钉压接		适用范围：适用于有线孔和压接螺钉的接线柱。① 将清洁线头插入线孔；② 用螺钉旋具适当用力旋动压接螺钉，使螺钉将导线压紧；③ 如果有两根或以上的导线要穿入同一线孔，应将它们进行绞合后再压接
铜芯线头与平压接线柱和瓦形接线柱的连接		适用范围：用于半圆头、圆柱头、六角头螺钉加垫圈对小截面导线的压接。① 加工接线圈，用尖嘴钳按照螺钉的大小将线头弯曲成螺丝刚好穿过的圆圈；② 将螺钉杆部穿过接线圈，旋入螺母并适当用力将其压紧；③ 对于瓦形接线柱，只需将线头弯曲成钩状，将其压入瓦形垫圈下面，将螺钉旋紧即可。如果是两根线头，应将两根线头的接线弯相对压入

3. 导线连接处绝缘层的恢复

在线头连接完工后，必须恢复连接前被破坏的绝缘层，要求恢复后的绝缘强度不得低于剖削以前的绝缘强度，所以必须选择绝缘性能好、机械强度高的绝缘材料。

电工技术上，用于包扎线头的绝缘胶带有黄蜡带、涤纶薄膜带、黑胶带等，如实训图1.6所示。一般选用宽度为20mm的绝缘胶带。在包缠时，先用黄蜡带从线头一边距切口40mm处开始包缠，如实训图1.7(a)所示，使黄蜡带与导线保持55°的倾斜角，后一圈压在前一圈1/2的宽度上，如实训图1.7(b)所示；黄蜡带包缠完以后，将涤纶薄膜带或黑胶带接在黄蜡带的尾端，朝相反的方向斜叠包缠，仍倾斜55°，后一圈压在前一圈1/2处。在恢复380V线路上的绝缘层时，应该先包缠1~2层黄蜡带，再包一层涤纶薄膜带或黑胶带；在220V线路上恢复绝缘层时，只包一层黄蜡带，再包1~2层涤纶薄膜带或黑胶带。

实训图1.6 常用涤纶薄膜带和黑胶带

实训图1.7 线头绝缘层的恢复

4. 实训操作步骤及记录

(1) 线头绝缘层剖削的实训记录

按照工艺要求剖削，在剖削过程中，边操作边按实训表1.8的要求将导线的相关数据及操作要点记入该表中。

实训表1.8 剖削导线绝缘层的实训记录

导线种类	型号	绝缘层外径/mm	芯线横截面积/mm²	剖削工艺要点
塑料绝缘小截面硬铜芯线				
塑料绝缘软铜芯线				
塑料绝缘大截面硬铜芯线				
塑料护套线				
橡胶线				
花线				

(2) 导线线头的连接实训记录

在操作过程中，请将各种导线连接的工艺要点记入实训表1.9中。

实训表1.9　导线连接的实训记录

接头种类	芯线横截面积/mm^2	绑线横截面积/mm^2	线头连接的工艺要点
小截面单股铜芯线的直线连接			
大截面单股铜芯线的直线连接			
小截面单股铜芯线的T形连接			
七股铜芯线的直线连接			
七股铜芯线的T形连接			
电缆线头连接			
小截面铜芯线头的焊接			
铜芯线头的螺钉压接			
线头与平压接线柱或瓦形接线柱的连接			

(3) 恢复线头绝缘层的实训记录

将恢复线头绝缘层的相关内容记入实训表1.10。

实训表1.10　恢复线头绝缘层实训记录

绝缘材料品种	宽度／mm	包缠线头的工艺要点

实训任务三成绩评定表，见实训表1.11。

实训表1.11　线头加工实训成绩评定表

评定内容	评定标准	自评得分	师评得分
表现、态度（10分）	好10分，较好7分，一般4分，差0分		
人身、设备、器材安全，用料节省（10分）	人身、设备、器材安全，用料节省，10分；出现安全事故，有浪费材料行为酌情扣分		
导线绝缘层的剖削（21分）	型号、绝缘层外径、芯线截面共18项，每项0.5分；工艺要点6项，每项2分，部分填错按比例扣分		
导线线头的连接（42分）	线芯截面、绑线截面共12项，每项1分；工艺要10项，每项3分，填错按比例扣分		
线头绝缘层恢复（9分）	材料品种、宽度6项，每项0.5分；工艺要点3项，每项2分		
实训器材要求填写的数据（8分）	能正确全部填写，8分；每填错一个按比例扣分		
总分			

实训指导教师：　　　　学生：　　　完成时间：

实训项目2 电阻性电路故障的检查

实训目的　1. 学会分析电阻的串并联电路，加深对部分电阻性元件和开关的认识。

2. 学会使用万用表来检测元件好坏，检测电流、电压、电位及电阻。

3. 初步学会电阻性电路故障的分析和检修方法。

安全规范　1. 本实训虽然用的是低压电源，但是由220V电源变换而来的，必须强调用电安全。

2. 严格遵守实训室安全操作规程。

3. 正确使用电工工具、仪表，规范操作，防止出现工伤事故和损坏工具、设备。

实训工具、仪器、仪表与器材

本实训所用工具、仪器、仪表与器材见实训表2.1。

实训表2.1　实训工具、仪器、仪表与器材（以实训小组配备）

器材类别	名称及规格	数量
仪表及设备	MF47型万用表、0～24V／2A稳压电源	各1台
工具	通用电工工具：钢丝钳、剥线钳、尖嘴钳、十字形螺钉旋具、一字形螺钉旋具	各1把
线材、螺钉	聚氯乙烯绝缘铜芯线（BV线材）1mm^2、$\phi 3 \times 22$自攻螺钉、绝缘胶布	线材：红色、绿色各50cm，螺钉10颗
元件	单刀开关、12V／0.1W小灯泡、灯座（大灯泡和小灯泡）	各4个
产品电路	灯泡串并联电路，如实训图2.1所示（也可用面包板来实现，如实训图2.2所示）	成品1套（固定在木工板或面包板上）

实训图2.1　灯泡的串并联电路成品板（木工板）

实训图2.2　灯泡的串并联电路成品板（面包板）

任务一 认识灯泡的串并联电路并检测实训器材

1. 认识实训电路与电路模型

本次实训采用 24V 安全电压供电。灯泡的串并联电路如实训图 2.3 所示。若将三个开关闭合就是我们熟悉的电阻串并联电路模型,如实训图 2.4 所示;它是 R_2、R_3 并联后与 R_1、R_4 串联的电路。

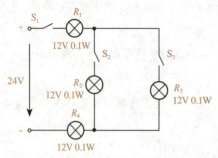

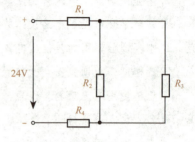

实训图 2.3 灯泡的串并联实训电路原理图　　实训图 2.4 灯泡串并联电路模型

2. 认识与检测电路组成的元件

分别认识和检测电路组成的元件,并将检测的数据填入实训表 2.2 中,小组互查结果,找出出现故障的原因,对有故障元件应更换。

实训表 2.2 电路中元件识别与检测

代号	外形	电路符号	名称及参数	检测与记录
R_1 R_2 R_3 R_4		⊗ R	小灯泡 12V / 0.1W	冷态电阻值 R_1、R_2、R_3、R_4 分别为: ____Ω,____Ω ____Ω,____Ω
S_1 S_2 S_3		S	开关 单刀单掷	在闭合状态电阻值:____Ω 在断开状态电阻值:____Ω
灯座(大灯泡用)			灯座 照明通用型	底部金属接电路____(高/低)电位 金属外壳接电路____(高/低)电位
灯座(小灯泡用)			灯座 安装小灯泡	底部金属接电路____(高/低)电位 金属外壳接电路____(高/低)电位

电路故障设置要求：各小组在电路木板上，讨论设置故障，要求每次只设置一个故障点。故障范围可设置元件开路或短路，但不能损坏元件、切断导线或损坏插座，比如可将导线取出隐藏或在接触处用胶带绝缘，或将灯泡旋起使之不能接触，或将螺钉压接的导线金属绝缘，还可在某一个灯座两接线柱之间、中心簧与金属壳之间设短路故障等，再做好记录。

任务二 电阻法检查电路故障

为便于实训电路的检测分析，在实训图2.3中标出了关键点字母及电流方向，如实训图2.5所示。实训操作步骤如下：

1. **电阻法检查电路的总电阻**

断电，开关均处于闭合状态。将万用表置于$R×1\Omega$挡，调零后，一只表笔连接于实训图2.5的a点，另一只表笔接f点测其电阻值，其总阻值约为70Ω。检测方法如实训图2.6所示（注意检测时一定在连接点的铜线上检测，否则有误差）。

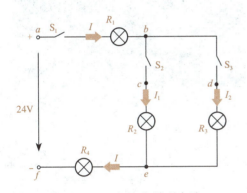
实训图2.5 灯泡串并联电路

实训图2.6 检测电路总的电阻值

2. **故障排除**

故障现象：（各小组之间互相在对方的电路板背面的线路上、灯座内设置开路故障，要求一次只能设置一个故障点。下同）将开关均处于闭合状态，万用表置于$R×1\Omega$挡，检测a、f两点之间的电阻为无穷大（小组讨论，分析排除故障的思路）。

故障分析：检测值为无穷大，说明整个电路有断路故障。可将一支表笔固定在a点，另一支表笔分别接b、c、d、e、f点，正常时有一定电阻值显示，在哪一点处电阻值突然变无穷大，则该点前一级元件或线路有开路故障。

找出故障点，排除该故障。

记录：故障范围在_____点与_____点之间，具体故障点是_____。

> **想一想**：
> 若在a、f点检测的阻值为0Ω，可能的故障在哪里？如何检修？

任务三　电流法检查电路故障

实训操作步骤如下：

1) 接通24V电源，只断开S_1，将万用表置于500mA挡，红笔接开关上连接的电源正极一边，黑表笔接开关连接用电器的一边，使两表笔接于S_1两端，检测法如实训图2.7所示。约有85mA，此时四个灯泡发光，发光程度不同。

2) 只断开S_2，用上述方法在S_2处测R_2支路电流，读数，记录于实训表2.3中；闭合S_2，只断开S_3，在S_3处测R_3支路电流，读数，记录于实训表2.3中，检测方法如实训图2.8所示。分析三个电流的关系是否符合基尔霍夫节点电流定律。

实训图2.7　检测总的工作电流

实训图2.8　检测R_2支路工作电流

实训表2.3　通电时电流测量记录

检测项目	整机电流	R_2支路电流	R_3支路电流	三个电流关系
电流值/A 或 mA				

3) 故障排除。

故障现象：（各小组之间互相在对方电路板的干路上设置开路故障点）只断开干路开关S_1，其他开关闭合。通电后在S_1处检测电流为0A，同时所有灯泡不发光。

故障分析：检测电流值为0A，说明整个电路干路上有开路故障。可将S_1闭合，继续在干路上查找故障点。

记录：故障范围在＿＿＿＿点与＿＿＿＿点之间，具体故障点是＿＿＿＿＿＿。

想一想：
1. 如果电流检测时万用表指针反偏，是何原因？会造成什么后果？
2. 若出现在S_1处检测电流为100mA，且灯泡R_2、R_3均不发光，是什么原因引起的？如何用电流法检修？

任务四 电位法检查电路故障

实训操作步骤如下:

1. 按实训图 2.5 连接检测电路

接通 24V 电源,闭合所有开关,将万用表置于 50V 直流电压挡,黑表笔接于 f 点,红表笔分别检测实训图 2.5 所示的 a、b、c、d、e、f 点的电位,读数,记录于实训表 2.4 中。

实训表 2.4 电位法检测 $a\sim f$ 各点电位及元件端电压检测数据表

各检测点电位值/V						计算各灯泡上压降电压值/V			
a	b	c	d	e	f	R_1	R_2	R_3	R_4

2. 电位法检测电路故障

各小组之间互相在对方电路板的 R_3 支路设置短路故障。

故障现象:闭合所有开关,通电只有灯泡 R_2、R_3 不发光。

故障分析:说明整个电路已连通,其他灯泡全部发光,只有 R_2、R_3 不发光,说明是 R_2、R_3 某条支路或两条支路有故障,可用电位法判断电路的故障点。

检修过程:将万用表置于 50V 直流电压挡,检测实训图 2.5 所示的 b、e 两点的电位为 0V,再检测灯泡 R_1、 R_4 两端电压分别为 12V。断电检测 b、e 之间阻值为 0 Ω,说明是 b、e 之间短路。

进一步检测 R_2、R_3 两条支路中的故障点:断开 S_2,检测仍短路,再断开 S_3,阻值为 ∞,说明故障在 R_3 支路短路。

故障排除:仔细观察发现 R_3 灯泡的灯座内铜丝没有处理好,短路灯泡两接触点,去除多余铜丝,故障排除。

记录:故障范围在_____点与_____点之间,具体故障点是_____。

想一想:

1. 电位法检测时,万用表指针反偏,是何原因?会造成什么后果?
2. 上述故障排除中,若检测 e、d、c、b 点的电位均约为 24V,说明故障在哪里?

实训成绩评定，见实训表2.5。

实训表2.5　实训成绩评定表

评定内容		评定标准	自评得分	师评得分
实训态度（10分）		态度好、认真10分，较好7分，一般4分，差0分		
人身、工具仪器仪表、实训器材使用安全、节省（10分）		出现事故和仪器仪表毁损扣5分，丢失或损坏一个元器件扣1分，扣完为止		
实训步骤	器材检测（10分）	共10项，每项1分，有错酌情扣分		
	电阻法检查电路故障（15分）	找出故障范围8分，确定故障点并排除故障7分，有错酌情扣分		
	电流法检查电路故障（25分）	验证基尔霍夫定律8分(每个数据2分)，找到故障范围9分，确定故障点并排除故障8分，有错酌情扣分		
	电位法检查排除电路故障（30分）	测量电位、电压降数据10分（每个1分），找到故障范围10分，确定故障点并排除故障10分，有错酌情扣分		
总分				

实训指导教师：　　　　　学生：　　　　　完成时间：

巩固与应用

（一）填空题

1. 在直流电路中电流的方向规定由_____指向_____；电压的方向由_____指向_____，电动势的方向由_____指向_____。

2. 测量电流时，电流表应_____连于电路中，且要求正端钮接电路的_____电位端，负端钮接电路的_____电位端。

3. 在串联电路中，各个电阻上电压的关系为_____，电路的总功率与各个电阻所消耗功率的关系为_____。

*4. 在检验兆欧表是否可用时，先将两输出端_____，轻摇手柄，表针应指向_____；当两输出端_____时，摇动手柄，在转速稳定后，指针应指向_____，说明该兆欧表可用。

5. 电路开路时，外电路两端的电压等于_____。

*6. 使负载获得最大功率的条件是_____。

（二）判断题

1. 串联电路中，总电阻值恒大于组成该电路的任何一个电阻值。（   ）

2. 用电流表测电压和用电压表测电流都是危险的，但后者比前者更危险。（   ）

3. 正温度系数的电阻在温度升高时，电阻值变大。（   ）

*4. 用图2.57所示的手法测电阻的标称阻值是错误的。（   ）

5. 若干个用电器，无论将它们串联使用还是并联使用，它们的总功率都等于各个用电器功率之和。（   ）

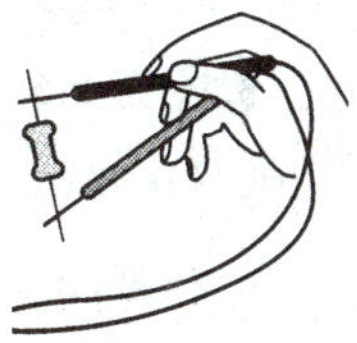

图2.57　判断题4图

（三）单项选择题

1. 一台电冰箱压缩机功率为120W，该电冰箱的开停比为1∶2（即一天中开机时间占1/3，停机时间占2/3），以一个月30天计，该电冰箱一个月的用电量为（   ）kW·h。

　A. 24.4　　B. 25.66　　C. 28.80　　D. 29.88

*2. 用兆欧表检测三相电动机绕组的对地绝缘电阻时，兆欧表的输出端L和E如何连接？（   ）

　A. L接绕组，E接机壳　　　　　　B. L接绕组首端，E接绕组尾端

　C. L接一相绕组首端，E接另一相绕组首端　　D. 都不是

3. 要扩大电压表的量程，应该在表头线圈上增加（   ）。

　A. 并联电阻　　B. 串联电阻　　C. 混联电阻　　D. 串入整流管

4. 对于全电路，下列说法中正确的是（   ）。

　A. 外电路电压与电源内电压相等　　B. 开路时外电压等于电源电动势

　C. 开路时外电压等于零　　　　　　D. 外电路短路时电源内电压等于零

5. 将一个220V／40W的白炽灯泡与一个220V／100W的白炽灯泡串联后接于电压为380V的电路中，它们的亮度为（　　）。

A. 100W 的比 40W 的亮　　B. 40W 的比 100W 的亮　　C. 两个一样亮　　D. 都不对

（四）问答题

1. 电路工作中有哪三种状态？哪些状态应该尽力避免？为什么？

2. 试比较电压和电位的异同点。

3. 试说明电流表并联电阻后能扩大量程的原理。

4. 一只色环电阻，依次标有棕、红、黄三色，这只电阻的阻值有多大？

*5. 电路获得最大功率时是否获得了最大效率？为什么？

（五）计算题

1. 汽车蓄电池电动势 $E=12V$，内阻 $r=0.2\Omega$，满载时的负载电阻为1.8Ω，试求通过负载的额定工作电流。

2. 测量电源电动势和内阻的实验电路如图2.58所示，可调电阻 R_P 为负载电阻，第一次调节 R_P 时，电压表读数为90V，电流表读数为5A；第二次调节 R_P 时，电压表读数为80V，电流表读数为10A，试计算该电源电动势和内阻。

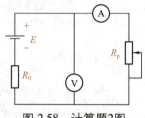

图 2.58　计算题2图

3. 在图2.59所示电路中，$R_1=45\Omega$，通过 R_1 的电流是总电流的1/10，试计算 R_2 的阻值和电路的总电阻。

4. 在图2.60所示电路中，已知 $R_1=R_2=R_5=10\Omega$，$R_3=R_4=20\Omega$，试求总电阻 R_{ab}。

5. 在图2.61所示电路中，已知 $E_1=12V$，$E_2=10V$，$R_1=10\Omega$，$R_2=8\Omega$，$R_3=6\Omega$，试计算通过 R_3 的电流。

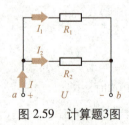

图 2.59　计算题3图

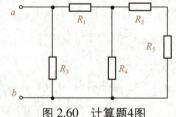

图 2.60　计算题4图

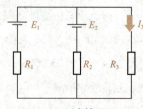

图 2.61　计算题5图

（六）实践题

1. 请调查你家里的电路和电器现状：(1) 有几个开关？各用在什么地方？(2) 有哪些插座（含宽带网、电话线插座）？(3) 有哪些用电器？

2. 调查并计算你家里用电器的总功率，并按单相电路1kW的功率对应4.5A电流计算出干路总电流；核对你家电能表的额定电流是否满足线路总电流的要求。

单元 3
电容和电感

单元学习目标

知识目标

1. 了解电容器的概念、外形、种类及主要参数，了解电容与储能元件的概念；了解电容器充放电规律，理解电容器充放电电路的工作特点。
2. 理解磁场的基本概念，了解磁通的物理概念及其应用；了解磁感应强度、磁场强度、磁导率的概念及其相互关系；掌握左手定则。
3. 了解磁化现象、常用磁性材料及其应用；了解消磁、充磁的原理及其应用，了解磁滞损耗产生的原因及降低损耗的方法；了解磁屏蔽的概念及其在工程技术中的应用。
4. 理解电磁感应现象，掌握电磁感应定律与右手定则，了解涡流损耗产生的原因与降低损耗的方法。
5. 了解电感的概念、外形、参数及影响电感量的因素；了解互感的概念及其在工程上的应用；理解同名端的意义，了解影响同名端的因素及其应用；了解变压器的电压比、电流比和阻抗变换。

能力目标

1. 会判断电容器的好坏，能根据要求利用串联、并联方式获得所需的电容量；会做电容器的充放电实验。
2. 会判断载流直导体、通电螺线管的磁场方向，会判断通电导体在磁场中的受力方向。
3. 会判断感应电动势与感应电流的方向。
4. 会判断电感器的好坏。

思政目标

1. 传承和发扬勤于思考、善于总结、勇于探索的科学精神。
2. 坚定技能报国、民族复兴的信念，立志成为行业拔尖人才。

3.1 电容器与电容

电容器在电力系统中用于提高供电系统的功率因数,在电子技术中常用来滤波、耦合、旁路、调谐、选频等。了解电容器的种类、外形及其主要技术参数是非常必要的。

找一找、看一看

图3.1所示是计算机显示器的局部电路板,看一看,你能找出其中的电容器吗?由这块电路板可以看出,电容器与电阻器一样,是组成电路的主要元器件。

这些元器件都是电容器吗?

图3.1 电脑显示器电路板局部

3.1.1 认识电容器

常见电容器的外形如图3.2所示。

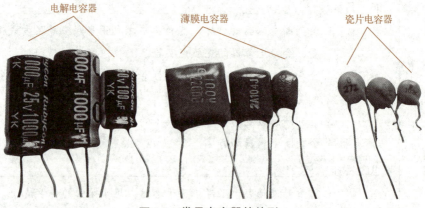

图3.2 常见电容器的外形

3.1 电容器与电容

1. 初识电容器

在两金属导体中间用绝缘介质相隔,并引出两个电极就构成了一只电容器,常见电容器的外形如图3.1和图3.2所示。

电容器的结构示意如图3.3(a)、(b)所示,其文字符号为C,一般图形符号如图3.3(c)所示。

> **特别提示**:电解电容是有极性的,它引脚长的一端为正极,短的一端为负极。

(a) 电容器结构示意

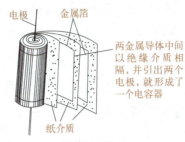
(b) 纸介电容器结构示意

(c) 电容器一般图形符号

图3.3 电容器的结构及一般图形符号

2. 电容器的储能特性

让我们先做一个小实验来帮助我们认识电容器的储能特性。

小实验 电容器的储存电能本领

准备一块万用表和如图3.4所示的元器件,包括一节9V干电池(a)、电解电容器(b)、灯泡(c)、电阻(d)、连接导线的接线夹(e),实验电路原理图如图3.5所示。

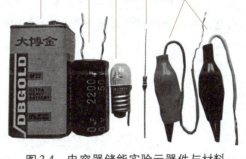

图3.4 电容器储能实验元器件与材料

1. 测量电池与电容器的端电压

用万用表的直流电压挡测量电池与电容器的端电压。注意:红表笔接电池的正极。

现象:测得电池的端电压为9V,电容器的端电压为0V。

2. 搭接实验电路实物图

把电容器串联一只100Ω的限流电阻后与9V的干电池接成闭合回路,电容器引脚长的一端(正极)接电池的正极,如图3.6所示。

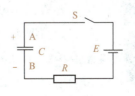

图3.5 实验电路原理图

图3.6 实验电路实物图

3. 再次测量电容器的端电压

图3.6所示的电路接通几分钟后，移开电池，用万用表的直流电压挡测量电容器的端电压，红表笔接电容器的正极，如图3.7所示。

现象：电容器充电后的端电压等于电池的端电压9V。

4. 把灯泡接在充电后的电容器两端

把灯泡与充电后的电容器接成闭合回路，如图3.8所示。

现象：灯泡在与电容器接成闭合回路的一瞬间亮了。

实验现象探索：在电容器的储能实验中，我们观察到接在电容器两端的灯泡亮了，使灯泡发光的电能是哪里来的呢？是电容器储存的电能让灯泡发光。

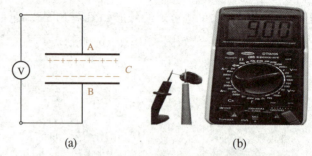

图3.7 电容器充电后端电压示意图

图3.8 电容器储能实验示意图

实验结论：电容器是能储存电荷的容器，它是一种储能元件。

电容器因其储存电能特性被称为电容器，简称电容。电容器储存电能的过程称为充电。电容器通过负载释放电能的过程叫放电。

3. 电容器的电容量

在电容器的储能小实验中发现，用同一个电源对不同的电容器充电，充电结束后，有的电容器使灯泡发光的时间长一点，有的电容器使灯泡发光的时间相对短些，这是为什么呢？

我们很容易地想到，使灯泡发光时间长的电容器在充电时储存的电能多，使灯泡发光时间短的电容器在充电时所储存的电能少。在充电电源相同的情况下，电容器储存电能的多少与什么因素有关呢？为表示电容器储存电能本领的大小，我们引入了电容量这个物理量。为了更好地理解电容量的物理意义，我们先来看看图3.9中水容器与电容器的对比示意图。

水面高度一样时，容积大的容器所装的水量多

两端电压一样时，电容量大的电容器所储存的电能多

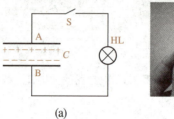
(a) 水容器

(b) 电容器

图3.9 水容器与电容器

在图3.9(a)中有两个水容器，虽然它们的水面高度一样，但是右边的水容器装的水会多一些，那是因为它的容积大些。如果把水面高度理解为电容器的电压，把水容器的容积理解为电容器的电容量，我们就很容易理解，当电容器两端的电压一样时，电容量大的电容器所储存的电能多，如图3.9(b)所示。

把电容器两极板间的电压每增加1V所需的电量，称为电容器的**电容量**，简称**电容**，用符号 C 表示。电容的单位为法，用字母 F 表示。

一个电容器，如果带1C（库仑）的电量，则两极板间的电压是1V（伏），这个电容器的电容就是1F（法）。电容 C、电量 Q、电压 U 三者具有如下的关系，即

$$C = \frac{Q}{U} \tag{3.1}$$

式中，Q——极板上所带电（荷）量，C；

U——极板间的电压，V；

C——电容量，F。

由于法（F）的单位太大，电容常用的单位还有毫法(mF)、微法(μF)、纳法(nF)和皮法(pF)等，其换算关系为

$$1F = 10^3 mF = 10^6 \mu F = 10^9 nF = 10^{12} pF$$

电容器的电容量与电容器极板的面积成正比，与两极板间的距离成反比。任何两个相邻导体间都存在电容，称为分布电容或寄生电容。它们对电路是有害的。

电容器与电容量都简称电容，但是它们的含义是不一样的，电容器是一个能储存电能的电子元件，电容量是衡量电容器储存电能本领大小的一个物理量。

■ 3.1.2 常用电容器的种类与外形

电容器按其结构可分为固定电容器、可变电容器和微调电容器三类。

1. 固定电容器

电容量不可以调节的电容器叫固定电容器。固定电容器按介质材料可分为纸介质电容器、云母电容器、油质电容器、陶瓷电容器、有机薄膜电容器、金属膜电容器及电解电容器等，如图3.10所示。

图3.10　常用的固定电容器

2. 可变电容器

电容量能在较大范围内调节的电容器叫可变电容器。常用的可变电容器有聚苯乙烯薄膜介质可变电容器和空气介质可变电容器，如图3.11所示。它们一般用作调谐元件，常用于收音机的调谐电路。

3. 微调电容器

电容量在某一较小范围内可以调整的电容器叫微调电容器。常见的有陶瓷微调电容器、云母微调电容器、拉线微调电容器等，如图3.12所示。

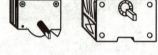

聚苯乙烯薄膜可变电容　空气介质可变电容　　　陶瓷微调电容　　　拉线微调电容　　　云母微调电容

图3.11　常用的可变电容器　　　　　　图3.12　常用的微调电容器

3.1.3　电容器的主要技术参数及其识读

在观察电容器时，我们发现，在电容器的外壳上标记有各种各样的符号，它们表示什么意义呢？

1. 标称容量

成品电容器体表上所标出的电容量叫**标称容量**，如图3.13所示。

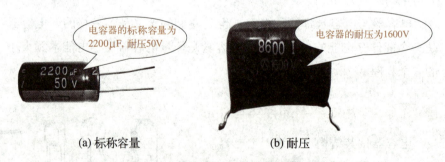

电容器的标称容量为2200μF，耐压50V　　　　　电容器的耐压为1600V

(a) 标称容量　　　　　　　　　(b) 耐压

图3.13　电容器的标称容量与耐压

2. 额定工作电压

电容器的**额定工作电压**又称耐压，是指电容器接入电路后，连续可靠工作所能承受的最大直流电压。电容器承受的电压超过它的允许值可能造成电容器击穿损坏而不能使用（金属膜电容和空气介质电容例外）。电容器的额定工作电压常常直接标示在成品电容器的外壳上，如图3.13所示。

工作在交流电路中的电容器,所加交流电压的最大值不能超过其额定工作电压。

3. 允许误差

电容器的实际电容量与标称容量之间有一定的误差,在国家标准规定的允许范围之内的误差称为**允许误差**。电容器的允许误差可采用直接标注、字母标注、罗马数字标注等各种方法,标注在电容器的外壳上,如图3.14所示。

(a) 直接标注　　　　(b) 字母标注　　　　(c) 罗马数字标注

图3.14　电容器允许误差的标注方法

电容器的允许误差用罗马数字标注时,Ⅰ、Ⅱ、Ⅲ分别表示±5%、±10%、±20%。电容器的允许误差用字母标注时,字母所代表的含义见表3.1。

表3.1　允许误差字母含义

字母	D	F	G	J	K	M
允许误差/%	±0.5	±1	±2	±5	±10	±20

动脑筋

1. 电容器与电容量都简称电容,它们表示的含义有什么不同?
2. 一只电容量很小的电容器,在充电后不能使灯泡发光,是否说明这只电容器就没有储存电能的本领?
3. 公式 $C=\dfrac{Q}{U}$ 是否说明电容器的电容量 C 跟它极板上所储存的电量 Q 成正比呢?
4. 微调电容与可变电容有什么区别?

认识和了解电容器其实很简单!

3.2 电容器的串并联及其应用

在电容器的实际应用中，往往会遇到电容器的电容量与耐压不符合要求的情况，这时可以将电容器作适当连接，以满足实际电路的需要。

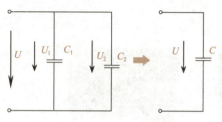

(a) 电容器的并联　　　(b) 并联等效电路

图3.15 电容器的并联及其等效电路

3.2.1 电容器的并联及其应用

将几只电容器连接在两个点之间的连接方式叫电容器的并联。电容器的并联示意图如图3.15(a)所示。电阻并联会让其总阻值变小，电容器并联对其等效电容量有什么样的影响呢？

小实验　电容器并联对等效电容量的影响

准备两只10nF的电容器和一块可以测量电容器电容量的数字万用表。实验步骤如下。

1. 测量两只电容器的电容量

选择20nF挡，将两只电容器分别插入数字万用表的电容量测量孔，如图3.16(a)所示，测量两只电容器的电容量。标称容量为10nF的电容器，其实际测量值一只为9.83nF，另一只为9.73nF，如图3.16(b)、(c)所示。

2. 测量两只电容器并联后的电容量

选择20nF挡，将两只电容器同时插入数字万用表的电容量测量孔，如图3.17所示。两只实际容量为9.83nF与9.73nF的电容器，并联后总容量为19.55nF，如图3.17所示。

实验结论：电容器并联后总电容量增大。

图3.16　分别测量两只电容

图3.17　电容器并联电容量的测量

1. 电容器并联的特点

试验证明，电容器并联有如下特点：

1) 电容器并联后的等效电容量 C 等于各个电容器的电容量之和，即

$$C = C_1 + C_2 + \cdots + C_n \tag{3.2}$$

2) 电容器并联后每个电容器两端承受的电压相等，并等于所接电路的电压 U，即

$$U = U_1 = U_2 = \cdots = U_n \tag{3.3}$$

2. 电容器并联的应用

根据上述电容器并联的特点，对电容器并联的应用举例说明。

【例3.1】有一电路需要一只电容量为 20μF、耐压为 160V 的电容器，现在只有两只 10μF、耐压为 250V 的电容器，你有办法吗？

解：现有电容器的电容量 $C_1 = C_2 = 10\mu F$，电容量不够，可以通过电容器的并联增大电容器的总电容量。

两只电容器并联后，总电容量 C 为

$$C = C_1 + C_2 = 20\mu F$$

答：把两只电容器并联后电容量和耐压都能满足要求，可以接在电路中使用。

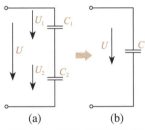

图 3.18 电容器串联及其等效电路

3.2.2 电容器的串联及其应用

将几只电容器依次相连，中间无分支的连接方式叫电容器的串联，电容器的串联示意图如图 3.18(a) 所示。电容器并联后其总电容量增大，那电容器串联对其电容量有什么样的影响呢？

> **小实验** 电容器串联对等效电容量的影响
>
> 准备两只10nF的电容器和一只可以测量电容器电容量的数字万用表。
>
> 1) 测量两只电容器的电容量，如图3.16所示。
>
> 2) 测量两只电容器串联后的电容量，选择20nF挡，将两只电容器串联后插入数字万用表的电容量测量孔，如图3.19所示。两只实际容量为9.83nF与9.73nF的电容器，串联后总电容量为4.88nF，如图3.19所示。
>
> **实验结论**：电容器串联后等效电容量减小。

图 3.19 串联电容量的测量

单元 3 电容和电感

1. 电容器串联的特点

实验证明，电容器串联电路有如下特点：

1) 电容器串联后的等效电容量 C 的倒数等于各个电容器的电容量的倒数之和，即

$$\frac{1}{C}=\frac{1}{C_1}+\frac{1}{C_2}+\cdots+\frac{1}{C_n} \tag{3.4}$$

当两只电容器串联时，其等效电容为

$$C=\frac{C_1 C_2}{C_1+C_2} \tag{3.5}$$

当 n 只容量均为 C_0 的电容器串联时，其等效电容量为

$$C=\frac{C_0}{n}$$

如果 $n=2$，就成为两只电容量相同的电容器串联，此时等效电容量为

$$C=\frac{C_0}{2} \tag{3.6}$$

> **特别提示**：小实验中两只标称容量为 10nF 的电容器，串联后测得的等效电容量是 4.88nF，而不是 5nF，这是标称容量与实际值有一些误差导致的。

2) 总电压等于每个电容器上的电压之和，即

$$U=U_1+U_2+\cdots+U_n \tag{3.7}$$

实验证明，串联电容器实际分配的电压与其电容量成反比。

如有两只电容 C_1 与 C_2 串联，则每只电容器上分配的电压可用下式计算：

$$U_1=\frac{C_2}{C_1+C_2}U \tag{3.8}$$

$$U_2=\frac{C_1}{C_1+C_2}U \tag{3.9}$$

2. 电容器串联的应用

【例3.2】 有一电路需要一只 10μF、耐压为 250V 的电容器，现在我们只有两只 20μF、耐压为 160V 的电容器，你有办法吗？

解：现有电容器的耐压不够，可以通过电容器串联来提升电容器的耐压。原有电容器的电容量 $C_1=C_2=20μF$，耐压 $U_1=U_2=160V$，根据电容器串联的特点，两只电容器串联后，总的耐压 U 为

$$U=U_1+U_2=160+160=320\ (V)$$

电容器串联后，耐压符合电路的要求。

电容器串联后的等效电容量 C 为

$$C=\frac{C_1}{2}=\frac{20}{2}=10\ (μF)$$

> **关键与要点**
>
> 1. 电容器串联后，等效的电容量减少，总的耐压升高，每只串联电容器上的实际分配电压与其电容量成反比。
>
> 2. 当电路需要耐压较高而电容量较小的电容器时，可以通过电容器的串联解决。

电容器串联后,电容量也符合电路的要求。

答:可以把两只电容器串联起来接在电路中使用。

动脑筋:

有两只电容器,一只电容量为10μF、耐压为100V,另一只电容量为20μF、耐压为100V,它们串联后能接在电压为150V的电路中吗?

3.3 电容器的充放电

电容器是一种储能元件,我们把电容器在外加电源作用下储存电荷的过程称为**充电**,把充满电荷的电容器通过负载释放电荷的过程称为**放电**。电容器的充放电电路有什么样的特点呢?

为了更好地理解电容器的充放电规律与特点,可以做一个仿真实验来帮助我们认识电容器的这些特性。

仿真实验 观察电容器的充放电现象

通过观察仿真实验现象理解电容器充放电电路的工作特点,探索电容器充放电规律。

电容器充放电仿真实验原理图如图3.20所示。

实验步骤:

1. 搭接仿真实验电路

用EWB仿真软件搭接电容器充放电仿真实验电路,如图3.20所示。元件的参数可自己改变,以方便观察实验现象为准。

2. 电容器的充电仿真实验

将图3.20中的开关S置于1的位置,构成电容器的充电仿真实验电路,如图3.21所示。

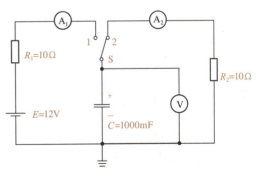

图3.20 电容器充放电仿真实验原理图

电容器充电实验现象:把开关S置于1的位置,电压表的读数由0V慢慢上升至12V,电流表的读数由最大值1.2A慢慢下降为0A,如图3.21所示。

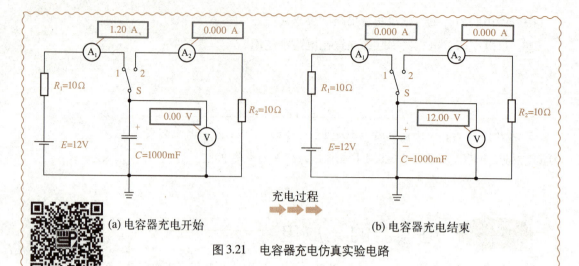

(a) 电容器充电开始　　　　　(b) 电容器充电结束

图 3.21　电容器充电仿真实验电路

视频：电容器充电仿真实验

电容器充电实验现象分析：开关 S 置于 1 的瞬间，电容器极板上还没有电荷，电容器两端电压为 0V，电压表的读数为 0A。此时，电源电压全部降在电阻 R_1 上，电路中充电电流最大；随着充电的进行，电容器储存的电荷越来越多，电容器两端电压慢慢上升，电源加在电阻 R_1 两端的电压慢慢变小，电路中的充电电流也越来越小。当电容器两端电压上升至电源电压即 $U_C \approx 12V$ 时，电源加在 R_1 两端的电压为 0V，电路中充电电流也为 0A，充电结束。

电容器充电实验结论：电容器的端电压只能慢慢升高，装满电荷的电容器对直流电源而言就像一个断开的开关。

3. 电容器的放电仿真实验

电容器充电结束后，将图 3.21 中的开关 S 由 1 置 2，构成电容器的放电仿真实验电路，如图 3.22 所示。

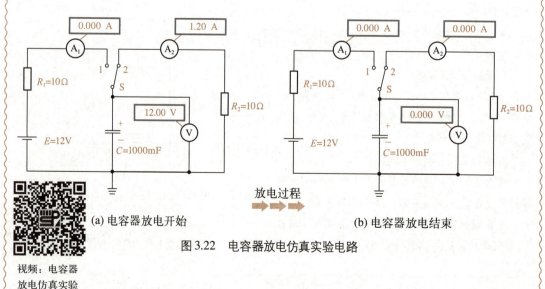

(a) 电容器放电开始　　　　　(b) 电容器放电结束

图 3.22　电容器放电仿真实验电路

视频：电容器放电仿真实验

电容器放电实验现象：把开关 S 置于 2 的位置，电压表的读数由 12V 慢慢下降至 0V，电流表的读数由最大值 1.2A 慢慢下降为 0A。

电容器放电实验现象分析：充电结束时，电容器极板上储存了很多电荷，电容器两极板间电压约等于电源电压，即 $U_C \approx 12V$，当开关 S 置于 2 的瞬间，电容器的两端电压最高，电容器通过 R_2 释放电荷，电路中的放电电流最大；随着放电的进行，电容器极板上的电荷越来越少，电容器两极板间电压慢慢下降，电路中放电电流也慢慢减小，当电容器储存的电荷全部释放完毕，电容器两端电压 $U_C \approx 0$ 时，电路中放电电流也为 0A，放电结束。

电容器放电实验结论：电容器端电压只能慢慢降低，装满电荷的电容器像一个电源。

> **结论**：电容器具有储存电荷与隔断直流电路的特性。

由上述仿真实验得出电容器充放电具有如下规律。

1. 电容器的充电规律

1) 电容器充电开始的一瞬间，电容器的两端电压为零，充电电流最大。

2) 电容器充电过程中，电容器两端的电压慢慢上升，充电电流逐渐减小。

3) 充电结束时，电容器的两端电压近似等于电源电压，充电电流为零。

2. 电容器的放电规律

1) 电容器放电开始的一瞬间，电容器的两端电压最高，放电电流最大。

2) 电容器放电过程中，电容器两端的电压慢慢降低，放电电流逐渐减小。

3) 放电结束时，电容器的两端电压为零，放电电流为零。

电容器充放电实验结论：电容器端电压不能突变，电容器能储存电荷。

▌实践活动：用万用表检测电容器质量与电容器充放电现象观察

一、使用指针式万用表检测电容器质量

1. 电容器质量的检测方法与量程选择

将指针式万用表转换到欧姆挡，对于不同容量的电容器选取不同的量程，见表 3.2。检测电容器时，将万用表的两表笔分别接触电容器的两根引线，对于电解电容器，万用表的黑表笔接其正极（引脚长的一端），并将检测结果填入表 3.3。

表 3.2 指针式万用表检测电容器量程选择参考表

电容器的电容量	选用量程
1pF 以下	$R \times 10k$
1~47μF	$R \times 1k$
47μF 以上	$R \times 100$

表3.3 电容器质量检测表

检测元器件	测量挡位	标称值/μF	指针摆动状况	质量判定
电容器1				
电容器2				
电容器3				

2. 电容器质量的判断

现象一：对于电容量5000pF以下的电容器，检测时指针应无偏转现象，阻值应为无穷大，否则为漏电或击穿。

现象二：对于电容量为0.01～1μF、1～47μF及47μF以上的电容器，根据表3.2选择相应的量程，检测时指针应向右偏转一定的角度后即回无穷大。指针向右偏转的角度越大说明电容器的电容量越大。如指针无偏转现象则电容器开路，不能回无穷大为漏电或击穿。

二、观察电容器充放电现象

按图3.20所示的电容器充放电电路搭接实验电路。（注意：为了便于观察实验现象，本实验选用电容量较大的电解电容器。）

1. 实践操作步骤

1）将开关S置于1，通过电流表、电压表的读数变化状况来观察电容器的充电现象，理解电容器充电电路的工作特点。

2）待电容器的充电过程完成后（即电流表读数为零，电压表读数等于电源电压），将开关S由1置于2，通过电流表A_2、电压表V读数变化状况来观察电容器的放电现象，理解电容器放电电路的工作特点。

3）改变电阻R_1、R_2的阻值与电容器C的电容量，重复操作步骤1）、2），通过观察电流表、电压表的变化状况来理解电容器充放电快慢与电路中的电阻值、电容量之间的关系。

2. 实践结果分析

1）电容器充放电电路有什么特点？

2）电容器充放电电路中R与C的大小对其充放电过程有什么样的影响？

特别提示：电压表的内阻理论上是无穷大的，实际上它是一个有限的阻值，因此会导致试验中电容器的充电电流不能减小至零。

3.4 磁场及其基本物理量

我们在日常生活中发现，一些互不接触的物体间存在作用力，小磁针总是停在南北方向，某些物体通电后会对另外一些物体产生吸引力……这些现象都是因为磁场的作用产生的。

3.4.1 磁场及其在工程技术上的应用

1. 磁体、磁极与磁场

在图 3.23 中，一个废旧的扬声器把几颗小铁钉紧紧地吸附在其上面，说明扬声器具有磁性。我们把这种能吸引铁钉具有磁性的物体叫做**磁体**。自然界中存在天然磁体和人造磁体两种。天然存在的磁体（俗称吸铁石）叫**天然磁体**，我们常见的磁体一般是人造的，有条形、蹄形、针形等，如图 3.24 所示。

图 3.23 磁体的含义

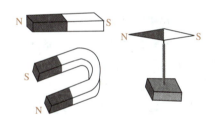

图 3.24 常见的人造磁体

实验发现，磁体两端的磁性最强，我们把磁体两端磁性最强的区域称为**磁极**。任何磁体都具有两个磁极，而且不管怎么分割磁体，其总是保持两个磁极。把一颗小磁针任意转动，待静止时，小磁针总是会停在南北方向上，我们把小磁针指北的一端叫**北极**，用 N 表示；指南的一端叫**南极**，用 S 表示。磁极之间具有相互作用力，即同极相排斥，异极相吸引，如图 3.25 所示。

我们把磁极之间的相互作用力及磁体对周围铁磁物质的吸引力通称为**磁力**。我们知道力是物体对物体的作用，它需要某种媒介来传递，那么，磁力是靠什么来传递的呢？

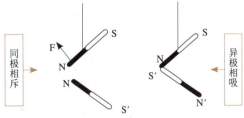

图 3.25 磁极间的作用力

在磁体的周围，存在一种特殊的物质形式，我们把它称为**磁场**，互不接触的磁体之间的相互作用力就是通过磁场这一媒介来传递的。磁场有方向性。人们规定，**在磁场中某一点放一个能自由转动的小磁针，静止时小磁针N极所指的方向为该点的磁场方向。**

2. 磁感线

为了形象地描绘磁场，在磁场中画出一系列假想的曲线，曲线上任意一点的切线方向与该点的磁场方向一致，我们把这些曲线称为**磁感线**。磁感线可以用实验的方法形象地描绘出来。在条形磁铁上放置一块玻璃，撒上一些铁屑后轻敲，我们发现铁屑会有规律地排列成线条形状，这些铁屑线条形象地表示出了磁体的磁感线分布情况。磁感线的形象示意图如图3.26所示。

图3.26 磁感线的形象示意图

磁感线的特征：

1. 磁感线是互不交叉的闭合曲线。它在磁体外部由N极出发，回到S极。它在磁体内部由S极出发，回到N极。
2. 磁感线上任意一点的切线方向，就是该点的磁场方向。
3. 磁感线的疏密程度反映了磁场的强弱。

3. 电流的磁场

1820年，丹麦物理学家奥斯特在试验中发现，放在导线旁边的小磁针，在导体通电时会发生偏转。小磁针为什么会发生偏转呢？通过反复实验发现，通电导体周围有磁场存在。小磁针由于受到磁力的作用而发生偏转。这说明电与磁有着密切的联系。

我们知道，磁场是有方向的。由电流产生的磁场，它的方向又是怎样判断的呢？法国科学家安培通过实验确定了通电导体周围的磁场方向，并用磁感线对磁场进行了描述。

(1) 通电直导线周围的磁场

通电直导线周围磁场的磁感线是以直导线上各点为圆心的一些同心圆，这些同心圆位于与导线垂直的平面上，如图3.27所示。磁感线的方向与电流方向之间的关系可用**安培定则（右手螺旋定则）**来判定，如

图 3.28 所示。改变电流方向，各点的磁场方向都将随之改变。

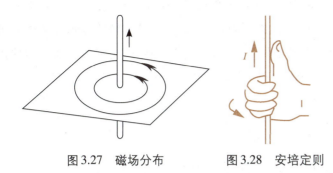

图 3.27 磁场分布　　　图 3.28 安培定则

安培定则：
用右手握住通电直导线，让拇指指向电流方向，则四指环绕的方向就是磁感线的方向。

(2) 通电螺旋管的磁场

当一个螺线管有电流通过时，它表现出来的磁性类似于条形磁铁，即螺旋管的一端相当于 N 极，另一端相当于 S 极，如果改变电流方向，通电螺旋管表现出来的 N 极、S 极也随之改变。通电螺旋管产生的磁感线是一些通过线圈横截面的闭合曲线。通电螺旋管的磁场方向与电流方向之间的关系也可用**安培定则**来判定，如图 3.29 所示。

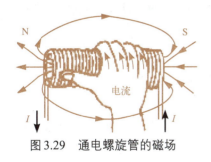

图 3.29 通电螺旋管的磁场

安培定则：
用右手握住螺线管，弯曲的四指指向电流方向，则拇指方向就是通电螺线管的 N 极（磁场方向）。

3.4.2 磁场的基本物理量

用磁感线的疏密程度可以非常形象地描述磁场，但只能进行定性的分析，要定量地解决问题，还需要引入磁场的基本物理量。

1. 磁通

通过垂直于磁场方向某一面积的磁感线的总数，称为该面积的**磁通量**，简称**磁通**，用字母 Φ 表示。它的单位是韦伯，简称韦，单位符号用 Wb 表示。图 3.30 非常形象地描绘了面积 A 上的磁通。磁通可以定量地描述磁场在一定面积上的分布情况。当面积一定时，通过该面积的磁通越大，磁场就越强。这一点在工程上也有应用，如变压器的铁心截面，就希望尽可能多地通过电磁线圈产生的磁感线，以提高效率。

2. 磁感应强度

通过垂直于磁场方向单位面积的磁感线的多少，称为该点的**磁感应强度**，用字母 B 表示，单位是特斯拉，符号为 T。磁感应强度是用来研究各点的磁场强弱与方向的。我们把各点磁感应强度的大小与方向都相同的磁场称为**均匀磁场**。在均匀磁场中，磁感线是等距离的平行线，如图3.31所示。

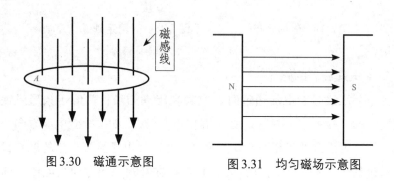

图 3.30　磁通示意图　　　　图 3.31　均匀磁场示意图

均匀磁场是最简单也是最重要的磁场，在电磁仪器与试验中常常用到。通电长线圈内部的磁场和距离很近的两个平行异名磁极间的磁场都可以看作均匀磁场。

在均匀磁场中磁感应强度可表示为

$$B=\frac{\Phi}{S} \tag{3.10}$$

式中，B——磁感应强度，T；

Φ——磁通量，Wb；

S——与磁场方向垂直的面积，m^2。

由上式可知，磁感应强度 B 等于单位面积的磁通量，因此磁感应强度也叫**磁通密度**。

磁感线上某点的切线方向就是该点的磁感应强度的方向。磁感应强度不仅表示了某点磁场的强弱，还能表示该点磁场的方向。磁感应强度是一个矢量。在平面上表示磁场方向时，常用符号"×"表示垂直进入纸面的磁感应强度或磁感线，用符号"·"表示垂直从纸面出来的磁感应强度或磁感线。

3. 磁导率

通过螺旋线圈的磁场性质类似条形磁铁，下面通过一个小实验来探索螺旋线圈中的介质对其磁性的影响。

3.4 磁场及其基本物理量

> **小实验** 了解物质导磁性能
>
> 实验器材：一个匝数较多的空心螺旋线圈，几颗小铁钉，一根铜棒，一根铁棒。
> 实验步骤：
> 1. 给空心螺旋线圈通电，观察螺旋线圈对小铁钉的吸引力。
> 2. 在通电的空心螺旋线圈中放入铜棒，观察螺旋线圈对小铁钉的吸引力。
> 3. 在通电的空心螺旋线圈中放入铁棒，观察螺旋线圈对小铁钉的吸引力。
>
> 实验现象：通电的空心螺旋线圈对小铁钉具有吸引力；在通电的空心螺旋线圈中放入铜棒后，螺旋线圈对小铁钉具有吸引力稍微减弱；在通电的空心螺旋线圈中放入铁棒后，螺旋线圈对小铁钉的吸引力大大增强。
>
> **实验结论**：通电螺旋线圈类似条形磁铁，具有磁性；线圈中的不同的介质对其磁性有影响。

上述实验表明，线圈中不同的介质对其磁性有影响，其影响的强弱与介质的导磁性能有关。为了衡量物质导磁性能的强弱，我们引入**磁导率**这一物理量，用字母 μ 表示，单位为亨利每米，简称亨每米，用符号 H/m 表示。实验证明，真空中的磁导率是一个常数，用 μ_0 表示，即

$$\mu_0 = 4\pi \times 10^{-7} \text{H/m}$$

自然界中绝大多数物质对磁场的影响甚微，只有少数物质对磁场的影响极大。为了比较各种物质的导磁性能，将任一物质的磁导率与真空中的磁导率的比值称为该物质的相对磁导率，用 μ_r 表示，即

$$\mu_r = \frac{\mu}{\mu_0} \tag{3.11}$$

相对磁导率是没有单位的，它的数值反映了物质被磁化后对原磁场影响的程度。根据相对磁导率的大小可把物质分为三类，见表3.4。

表3.4 物质根据导磁性能分类一览表

名称	特点	举例	对磁场的影响
顺磁性物质	μ_r 稍大于1	空气、铝、铂、铅	在磁场中放置此类物质可以使磁感应强度 B 增强，它们对磁场影响较小
反磁性物质	μ_r 略小于1	氢、铜、石墨、银	在磁场中放置此类物质可以使磁感应强度 B 变弱，它们对磁场的影响也较小
铁磁性物质	μ_r 远大于1	铁、钴、镍、硅钢	在磁场中放置此类物质可以使磁感应强度 B 大大增强，它们对磁场的影响极大

表 3.5　铁磁性物质的相对磁导率

物质名称	μ_r
钴	174
未经退火的铸铁	240
已经退火的铸铁	620
镍锌铁氧体	1000
镍	1120
软钢	2180
锰锌铁氧体	5000
已经退火的铁	7000
硅钢片	7500
真空中熔化的电解铁	12950
镍铁合金	60000
C形坡莫合金	115000

顺磁性物质与反磁性物质的相对磁导率都很接近1，这两类物质的相对磁导率都可以认为等于1，并把这些物质称为**非铁磁性物质**。

铁磁性物质对磁感应强度影响巨大，常常称它们为强磁性物质。几种常用的铁磁性物质的相对磁导率见表3.5。铁磁性物质在电工技术与计算机技术中应用非常广泛，如变压器、电动机都选用了铁磁物质硅钢片作为铁心。

4. 磁场强度

磁场中某点的磁感应强度与介质的导磁性能有关，为了使磁场的计算简单化，我们引入了磁场强度这一物理量，用符号 H 表示，单位为安培每米（A/m）。实验证明：磁场中某点磁场强度 H 的大小，等于该点磁感应强度 B 与介质磁导率 μ 的比值，即

$$H = \frac{B}{\mu} \tag{3.12}$$

式中，H——磁场强度，A/m；

μ——磁导率，H/m。

实验还证明，通电线圈所产生的磁场强度跟线圈中流过的电流 I 成正比，与线圈的匝数 N 成正比，与线圈的形状有关，与线圈中介质的磁导率无关。

通电线圈所产生的磁场强度与磁场介质的磁导率无关，这使磁场的工程计算大大简化。磁场强度是矢量，在均匀媒介质中，它的方向和磁感应强度的方向一致。

3.4.3　磁场对载流导体的作用

1. 磁场对载流直导体的作用

我们先做一个小实验，用实验现象来帮助我们理解磁场对载流直导体的作用。

> **小实验**　磁场对载流直导体的作用
>
> 在蹄形磁铁中悬挂一根直条形导体，使导体与磁感线垂直，接通直流电源，观察实验现象。
>
> 实验发现，通电导体在磁场中会受力而作直线运动，如图3.32所示。我们把这种力称为**电磁力**，用 F 表示。

通过反复实验发现，当导体与磁感线垂直放置时，导体所受到的电磁力最大；当导体与磁感线平行时，导体不受力；当导体与磁感线成α角时（图3.33），导体所受的电磁力跟导体与磁感线夹角α的正弦值成正比。

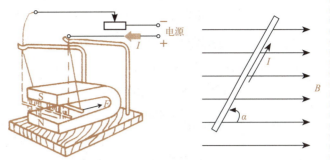

图3.32　通电导体在磁场中受力　　图3.33　导体与磁感线成α角

实验证明，电磁力 F 的大小与通过导体的电流 I 成正比，与载流导体所在位置的磁感应强度 B 成正比，与导体在磁场中的长度 L 成正比，与导体和磁感线夹角正弦值成正比，即

$$F = BIL\sin\alpha \tag{3.13}$$

式中，F——导体受到的电磁力，N；

I——导体中的电流，A；

L——导体的长度，m；

$\sin\alpha$——导体与磁感线夹角的正弦。

载流直导体在磁场中所受电磁力的方向，用**左手定则**来判定，如图3.34所示。

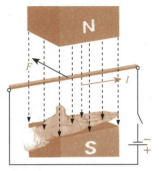

图3.34　左手定则

左手定则：

将左手伸平，拇指与四指垂直放在一个平面上，让磁感线垂直穿过手心，四指指向电流方向，则拇指所指的方向就是导体所受电磁力方向。

2. 磁场对矩形线圈的作用

通电直导体在磁场中会受电磁力而做直线运动，如果把通电的矩形线圈放在磁场中，会有什么现象发生呢？

小实验　磁场对矩形线圈的作用

在均匀磁场 B 中，放置一个有固定转动轴 OO' 的单匝矩形线圈 $abcd$，如图3.35所示，合上开关 S，我们发现线圈会绕 OO' 轴沿顺时针方向转动。

线圈为什么会转动呢？根据我们刚刚学过的知识可以判定：线圈的 bc 与 ad 两条边与磁感线平行而不会受力，线圈的另外两条边 ab、cd 与磁感线垂直，它们将受到电磁力 F_1 和 F_2 的作用。根据左手定则可以判定 F_1 和 F_2 方向相反，它们形成一对力偶，使线圈沿着顺时针方向转动。

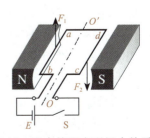

图3.35　通电线圈在磁场中的受力

实验得出：线圈所受的转矩 M 与线圈所在的磁感应强度 B 成正比，与线圈中流过的电流 I 成正比，与线圈的横截面积 S 成正比，与线圈平面与磁感线夹角 α 的余弦成正比，即

$$M = BIS\cos\alpha \tag{3.14}$$

式中，M——线圈所受的转矩，$N \cdot m$。

当线圈的匝数为 N 时，线圈所受的转矩为

$$M = NBIS\cos\alpha \tag{3.15}$$

当线圈平面与磁感线平行时，N 匝线圈所受转矩最大，$M=NBIS$；当线圈平面与磁感线垂直时，线圈所受转矩最小，$M=0$。

通电矩形线圈在磁场中受转矩作用而转动这一物理现象的发现让人类发明了电动机。

动脑筋

1. 磁感线具有哪些特征？
2. 试比较通电长直导线与螺线管所产生磁场的异同点。
3. 磁场有哪些基本物理量？它们之间具有什么关系？
4. 载流导体在磁场中受力的大小与哪些因素有关？

知识拓展　磁性材料与磁路

一、磁性材料的磁化

自然界中某些物质具有磁性，下面通过小实验来探索没有磁性的物体是否有机会获得磁性。

小实验　磁性材料的磁化

准备一把没有磁性的普通水果刀，将它在磁体上摩擦几下，如图3.36(a)所示。我们发现，水果刀能把小铁钉吸起来。它具有磁性了，如图3.36(b)所示。原来没有磁性的物质在外磁场的作用下产生磁性的现象叫做**磁化**。

(a) 给水果刀充磁

(b) 充磁后的水果刀吸住小铁钉

图 3.36　磁化小实验

二、起始磁化曲线

磁性材料在外加磁场 H 作用下，会产生磁感应强度 B。磁性材料从无磁状态开始磁化的过程中，磁感应强度 B 随磁场强度 H 变化而变化的关系曲线称为**起始磁化曲线**，如图3.37所示。

当磁场 H 逐渐增大时，磁感应强度 B 也增加，Oa 段上升缓慢，ab 段几乎成直线上升。当磁感应强度达到 c 点以后，即使磁场 H 值再增加，磁感应强度 B 也几乎不再增加。这种磁场强度增加而磁感应强度不再增加的现象称为**磁饱和**。

当磁场强度 H 足够大时，磁感应强度 B 就会达到一个确定的饱和值 B_m，继续增大 H，B_m 保持不变。

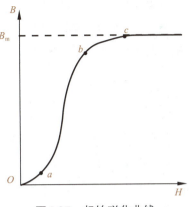

图3.37 起始磁化曲线

不同的铁磁材料有着不同的磁化曲线，B_m 也不相同。同一种材料，B_m 是一定的。

三、磁滞回线与基本磁化曲线

实验发现，磁感应强度 B 的变化总是滞后于外磁场 H 的变化，这种现象叫**磁滞**。当磁感应强度 B 达到饱和值 B_m 之后，减小磁场强度 H，使其逐渐回零时，磁感应强度 B 并不沿着起始磁化曲线减小，而是沿着另一条线 ab 减小到 B_r，我们把 B_r 称为**剩余磁感应强度**。为了使 B 减小到零，必须加一反向磁场 H_c，我们把 H_c 称为**矫顽力**。当 H 反向增大到最大值 H_m 时，B 同时达到反向的最大值 B_m，此时再减小 H 值至零时，B 沿着 de 变为 $-B_r$，当正向加 H 至 H_c 时，B 才沿着 ef 变为零，继续增大 H 至 H_m 时，B 沿着 fa 回到饱和值 B_m，即外磁化磁场做周期性变化时，磁性材料中的磁感应强度与外磁场强度的关系是一条闭合线，这条闭合线叫做**磁滞回线**，如图3.38所示。

把初始状态为零（$H = B = 0$）的磁性材料，置于渐渐增强的交变磁场中依次磁化，就可以得到面积由小到大向外扩张的一簇磁滞回线，如图3.39所示。这些磁滞回线顶点的连线称为**磁性材料的基本磁化曲线**，如图3.40所示。

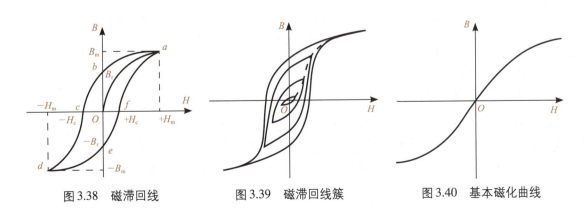

图3.38 磁滞回线　　图3.39 磁滞回线簇　　图3.40 基本磁化曲线

四、磁滞损耗产生的原因及降低损耗的方法

磁性材料在被反复磁化过程中，会产生一部分能量损耗，这部分能量转化为热能，使设备升温，效率降低。磁性材料的磁滞回线所包围的面积越大，所产生的磁滞损耗越大。为了降低磁滞损耗，交流设备多采用磁滞回线狭窄的软磁材料。

五、磁性材料的特性与应用

常用的磁性材料有铁、钴、镍及其合金。根据磁性材料磁滞回线的形状可以把磁性材料分为软磁性材料、硬磁性材料、矩磁性材料三大类。它们有什么样的特性呢？

1. 软磁性材料

软磁性材料的磁滞回线窄而陡，回线所包围的面积很小，如图3.41(a)所示。这种材料比较容易被磁化，外磁场消失以后，磁性基本消失，剩磁与矫顽力都比较小，在交变磁场中的磁滞损耗比较小。常用的软磁材料有硅钢、坡莫合金、软磁铁氧体等。硅钢、坡莫合金常用来做成电动机、变压器、电磁铁的铁心。软磁铁氧体常用来制造滤波线圈、收音机天线线圈的磁芯。

2. 矩磁性材料

矩磁性材料的磁滞回线为矩形，如图3.41(b)所示，很小的外磁场就能把这种材料磁化并达到饱和，磁场消失以后，磁感应强度与饱和时一样大，它的矫顽力小。这种材料适合做成记忆元件。常用来制造计算机中的磁性存储设备、乘客乘车的凭证和票价结算的磁性卡等。

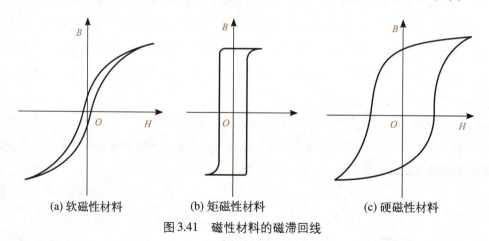

(a) 软磁性材料　　(b) 矩磁性材料　　(c) 硬磁性材料

图3.41　磁性材料的磁滞回线

3. 硬磁性材料

硬磁性材料的磁滞回线宽而平，回线所包围的面积比较大，如图3.41(c)所示。硬磁材料需要很强的外磁场才能被磁化，磁场消失以后，剩磁大。常用的硬磁材料有钨钢、钴钢、铝镍钴、钐钴、硬磁铁氧体和钕铁硼等。硬磁材料主要用来储存磁能，常用来做成永久磁体、扬声器的磁体。

硬磁材料被磁化后不容易被去磁，矫顽力比较大，在交变磁场中的磁滞损耗比较大，不能用作交流电机、变压器的铁心。

六、消磁与充磁

1. 消磁原理与方法

使物质的剩磁为零，失去永久磁性的过程叫**消磁**。消磁是磁性物质被磁化的逆过程。当物体受到了外来能量（如加热、冲击等）的影响时，物体的磁性就会减弱甚至消失，即物体被消磁。

当磁体在渐渐减弱的交变磁场中被反复磁化时，会被消磁。逐渐减小的交流电流流过电感线圈时，就能产生逐渐减小的交变磁场。自动消磁电路就是在消磁线圈回路中串联了一个热敏电阻，如图3.42所示。当消磁回路中有电流流过时，热敏电阻因发热导致阻值变大，让消磁线圈获得逐渐减小的交流电流而产生一个逐渐减小的交变磁场。消磁广泛用于CRT彩色显示器，如图3.43所示。

图3.42　消磁

消磁线圈由400匝左右的高强度漆包铜线绕制而成，装在显示器背面的四周。热敏电阻是一种由半导体材料制成的正温度系数热敏电阻，常温下它的电阻值仅为十几欧姆，在电路接通电源的一瞬间流过线圈的电流很大，使消磁线圈中产生很强的磁场。大电流

图3.43　消磁线圈在CRT彩色显示器中的应用

使热敏电阻内部的温度迅速升高，正温度系数电阻的阻值也迅速增大，使流过消磁线圈中的交变电流在几秒之内由一个很大的值迅速减小至零，从而使消磁线圈获得一个逐渐减小的交流电流，在显示器的周围就产生了一个逐渐减小的交变磁场，完成对显示器的消磁。

2. 充磁原理与方法

充磁就是让没有磁性或磁性很弱的物体具有磁性。充磁一般在硬磁物质上进行，充磁结束后，硬磁物质可以储存磁能。在生活中，我们也有需要充磁的时候，如给银行磁卡充磁。

在实验室可以使用接触充磁法与通电充磁法。接触充磁法就是将待充磁物体在磁体上反复摩擦，以达到充磁目的，这种方法简单易行，只是效果比较差。通电充磁法是先将被充磁物体绕上2000匝左右的线圈，然后将线圈的两端分别瞬间接触（6～9V）干电池的正负两极，连续几次即可完成充磁，如图3.44所示。工业上常用充磁机为各种硬磁材料充磁，如图3.45所示。

(a) 充磁原理图

(b) 通电充磁实验电路

图3.44　通电充磁法

图3.45　充磁机

七、主磁通与漏磁通

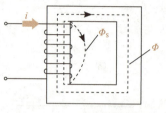

图3.46　主磁通与漏磁通

通过铁心的磁通叫主磁通，铁心外的磁通叫漏磁通。

当通电线圈产生磁通时，铁心的导磁性能比空气好得多，因此绝大部分磁通将沿着铁心所构成的闭合磁路通过，只有少部分磁通会通过空气或其他材料。我们把通过铁心的磁通称为**主磁通**，如图3.46中的 Φ；把铁心外的磁通称为**漏磁通**，如图3.46中的 Φ_S。

八、磁屏蔽及其应用

1. 磁屏蔽现象

把一颗小磁针放入一个铁丝网中，我们会发现，这个小磁针不再受铁丝网外磁场的影响，这种现象为**磁屏蔽现象**。磁屏蔽现象的原理就是利用高导磁材料作为磁屏蔽装置，为干扰磁场提供一个磁阻很低的磁路，避免干扰磁场穿过电子设备的屏蔽罩，影响电子设备的正常工作。磁屏蔽可以防止一些高频电子装置受到外界磁场的干扰，也可以防止高频电子装置产生的磁场干扰外界通信。

2. 磁屏蔽的应用

我们通常用金属外壳罩住对磁干扰敏感的部分，金属相对于空气而言磁导率相当高，当周围有干扰磁场时，磁场将直接通过金属构成磁回路，而不会穿过金属外壳去干扰金属壳内电子元器件的工作。磁屏蔽广泛用于电子电路中，如图3.47所示。

为了防止外界磁场的干扰，常在示波管、显像管中电子束聚焦部分的外部加上磁屏蔽罩。

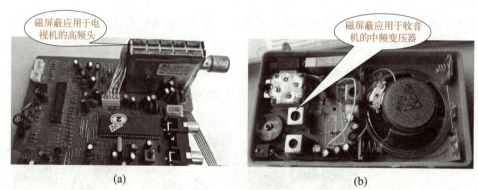

图3.47　磁屏蔽的在电子电路中的应用

动脑筋

*1. 你在日常生活中遇到过需要消磁的物体吗？有没有遇到过需要充磁的物体呢？

*2. 你在日常生活中遇到过需要磁屏蔽的情况吗？

3.5 电磁感应与楞次定律

电磁感应现象是电磁学中的重大发现，它揭示了电、磁现象之间的相互联系。依据电磁感应定律，人们制造出了发电机，使电能的大规模生产成为可能。电磁感应现象在电工技术、电子技术及电磁测量等领域的广泛应用，使人类社会迈进了电气化时代。

3.5.1 认识电磁感应现象

电生磁，那么磁能不能生电呢？下面通过小实验来探索磁与电之间的内在规律。

小实验 电磁感应实验

1. 直导体的电磁感应实验

将一段直导体 AB 与检流计 G 相连成一闭合回路，把直导体 AB 置于均匀磁铁中，如图3.48所示。

实验现象：外力让导体垂直于磁感线运动（导体切割磁感线）时，检流计指针会偏转。导体切割磁感线的速度越快，检流计指针偏转的角度越大。导体平行于磁感线运动（导体不切割磁感线）时，检流计指针不偏转。

实验现象探索：导体切割磁感线运动时，检流计指针发生偏转，这说明导体切割磁感线运动产生了电动势、电流；导体平行于磁感线运动时，检流计指针不偏转，这说明导体不切割磁感线就不产生电动势、电流；导体切割磁感线的速度越快，检流计指针偏转的角度越大。这说明电动势、电流的大小与导体切割磁感应线的速度成正比。

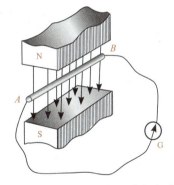

图 3.48 直导体的电磁感应实验

实验结论：导体垂直于磁感线运动时，产生电动势，电动势的大小与切割速度成正比。导体平行于磁感线运动时，不产生电动势。

2. 螺旋线圈的电磁感应实验

将一个空心线圈的两端与检流计接成闭合回路，将条形磁铁插入或拔出线圈，如图3.49所示。

实验现象：条形磁铁插入线圈的过程中，检流计指针偏向一个方向，当条形磁铁从线圈中拔出的时候，检流计偏向另外一个方向。条形磁铁完全插入线圈静止不动时，检流计的指针不偏转；条形磁铁插入或拔出的速度越快，指针偏转的角度越大。

实验现象分析：条形磁铁插入、拔出线圈的过程中，通过线圈的磁通发生了变化，检流计指针发生偏转，说明线圈中通过的磁通发生变化时，产生了电动势。条形磁铁插入线圈静止不动时，线圈中的磁通没有发生变化，检流计的指针不偏转，说明线圈在通过它的磁通不发生变化时，不产生电动势。条形磁铁插入或拔出的速度越快，指针偏转的角度越大，这说明磁通变化的速度越快，产生的电动势越大。

实验结论：通过线圈中的磁通发生变化时，线圈会产生电动势，电动势的大小与磁通变化的速度成正比。

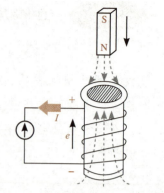

图3.49　螺旋线圈的电磁感应实验

上述两个无源实验都产生了电动势，如果把图3.48中由直导体组成的闭合回路理解为一个单匝线圈，当导体在磁场中做切割磁感线运动时，通过这个单匝线圈的磁通发生变化，导体两端产生电动势，当导体平行于磁感线运动时，通过这个单匝线圈的磁通不发生变化，导体两端不产生电动势，这和螺旋线圈的电磁感应实验的结论一样。

规律探索：通过线圈的磁通发生变化时，线圈两端会产生电动势。电动势的大小与磁通的变化速度成正比。

由于磁通的变化在导体或线圈中产生电动势的现象叫**电磁感应**，又称**动磁生电**。由电磁感应产生的电动势叫**感应电动势**。由感应电动势产生的电流叫**感应电流**。

3.5.2　电磁感应定律

1. 法拉第电磁感应定律

法拉第把电磁感应实验中感应电动势的大小与通过线圈的磁通变化的关系总结为法拉第电磁感应定律：线圈中感应电动势的大小与此线圈中磁通的变化率成正比。

法拉第电磁感应定律用来计算感应电动势 e 的大小。如果 Δt 时间内磁通的变化量为 $\Delta \Phi$，则单匝线圈中产生的感应电动势绝对值为

$$|e|=\left|\frac{\Delta \Phi}{\Delta t}\right|$$

(3.16)

如果是 N 匝线圈，则产生的感应电动势绝对值为

$$|e|=\left|N\frac{\Delta \Phi}{\Delta t}\right| \tag{3.17}$$

2. 楞次定律

在电磁感应试验中，我们发现，条形磁铁在插入、拔出线圈时检流计的偏转方向不一样，这说明条形磁铁在插入、拔出线圈时，线圈产生的感应电动势所产生感应电流的方向是不同的。线圈所产生的感应电动势（感应电流）的方向是否有规律可循呢？我们通过如图 3.50 所示的实验来探索其中的规律。

小实验 探索感应电动势的方向

1. 条形磁铁插入线圈实验

实验操作：接好如图 3.50 所示的实验电路，条形磁铁 N 极向下插入线圈。

实验现象：检流计右偏。

实验现象分析：条形磁铁 N 极向下插入线圈时，通过线圈的原磁通量增大，原磁通方向向下，检流计的偏转方向告诉我们，线圈中感应电流 I 由上端流入，下端流出，即感应电动势 e 由线圈上端指向线圈的下端，如图 3.50(a) 所示。由右手螺旋定则可以判定感应电流所产生的感应磁通方向是向上的，即与原磁通方向相反，这说明感应磁通会阻碍原磁通量的增加。

实验结论：当通过线圈中的磁通量增加时，线圈中感应电流产生的感应磁通阻碍原磁通增加。

2. 条形磁铁拔出线圈实验

实验操作：条形磁铁 S 极向上从线圈中拔出，如图3.50(b) 所示。

实验现象：检流计左偏。

实验现象分析：条形磁铁 S 极向上拔出线圈时，通过线圈的原磁通量减小，原磁通方向向下。检流计的偏转方向告诉我们，线圈中感应电流 I 由上端流出，下端流入，即感应电动势 e 由线圈下端指向线圈的上端。由右手螺旋定则可以判定感应电流所产生的感应磁通方向是向下的，即与原磁通方向相同，这说明感应磁通会阻碍原磁通量的减小。

实验结论：当通过线圈中的磁通量减小时，线圈中感应电流产生的感应磁通阻碍原磁通减小。

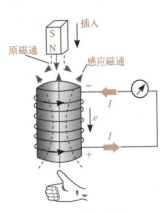

(a) 磁铁插入线圈

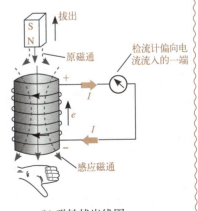

(b) 磁铁拔出线圈

图 3.50 感应电流方向判别

规律探索：在条形磁铁插入、拔出线圈的实验中，不管线圈中感应电流产生的感应磁通是阻碍原磁通增加还是阻碍原磁通减小，我们都可以认为感应磁通阻碍原磁通的变化。科学家楞次把这一规律总结如下：当穿过线圈的磁通发生变化时，感应电动势的方向总是试图使它的感应电流所产生的磁通阻止原磁通的变化，这就是**楞次定律**。

楞次定律又被称为**磁场惯性定律**，即感应电动势总是想阻碍外磁场的变化。楞次定律用以判断线圈中感应电动势（感应电流）的方向。

电磁感应现象是电磁学中的重大发现，它揭示了电、磁现象之间的相互联系。依据电磁感应定律，人们制造出了发电机，电能的大规模生产成为可能，与此同时，电磁感应现象还广泛应用在电工技术、电子技术及电磁测量等领域，由此，人类社会迈进了电气化时代。

根据法拉第电磁感应定律与楞次定律，人们总结出既能计算感应电动势大小，又能表达感应电动势方向的公式，即

$$e = -\frac{\Delta \Phi}{\Delta t} \tag{3.18}$$

对于 N 匝线圈，感应电动势的表达式为

$$e = -N\frac{\Delta \Phi}{\Delta t} \tag{3.19}$$

式中，负号表示感应电动势的方向总是使感应电流产生的磁通阻碍原磁通的变化。

3. 法拉第电磁感应定律和楞次定律在实践中的应用

【例3.3】 有一长为 L 的直导体，在磁感应强度为 B 的均匀磁场中，以速度 v 垂直于磁感线匀速向左运动。直导体通过平行导电轨与检流计组成闭合回路，如图 3.51 所示。

1) 用法拉第电磁感应定律计算导体中感应电动势的大小。

2) 运用楞次定律判别导体中感应电动势的方向。

解：1) 用法拉第电磁感应定律计算感应电动势的大小。

设导体在 Δt 时间内向左移动的距离为 d，则导电回路中磁通的变化量为

$$\Delta \Phi = B \Delta S = BLd = BLv \Delta t$$

导体中感应电动势的大小为

$$|e| = \left|\frac{\Delta \Phi}{\Delta t}\right| = \left|\frac{BLv \Delta t}{\Delta t}\right| = |BLv|$$

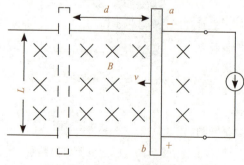

图 3.51 直导体感应电动势的方向

当导体与磁感线 B 成 α 角运动时，导体中的感应电动势的大小为

$$|e|=|BLv\sin\alpha| \qquad (3.20)$$

式中，B——磁感应强度，T；

L——导体的长度，m；

v——导体运动的速度，m/s。

2) 用楞次定律判断直导体中感应电动势的方向。

当导体向左运动时，直导体通过平行导电轨与检流计组成闭合回路中的磁通量增加。由楞次定律可知，直导体感应电流产生的磁通方向与原磁通方向相反，由安培定则可以判定感应电动势 e 的方向为由 a 指向 b，如图 3.51 所示。

4. 右手定则

直导体中感应电动势的方向如果用**右手定则**来判定将会更加简单，右手定则是楞次定律的特例，如图 3.52 所示。

图 3.52 右手定则

右手定则：
> 伸平右手，大拇指与其余四指垂直于一个平面上，让磁感线垂直穿过手心，大拇指指向导体运动方向，则四指所指方向就是导体中感应电动势或感应电流的方向。

知识拓展　涡流的预防与利用

一、涡流的产生

在生产与生活中，我们发现变压器、电动机、电磁铁的铁心即使在工作电流很小的时候也会发热，这是为什么呢？

实验发现，套在铁心上的线圈通过变化的电流时，在铁心中产生了变化的磁通。由电磁感应定律可知，这些变化的磁通在铁心内部产生感应电动势和感应电流，这些感应电流形状如同水中的漩涡，我们把它们称为**涡流**，如图 3.53 所示。

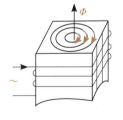

图 3.53 涡流的预防

二、涡流的预防与利用

涡流流过金属导体时会因发热而消耗电能，使电气设备的温度升高，对含有铁心的电气设备是有害的。为了减小涡流损耗，工程上用电阻率大、表面涂有绝缘漆的薄硅钢片叠装电动

机、变压器等电气设备的铁心，这样就可以有效地降低涡流损耗，如图3.54所示。涡流也是可以利用的，在冶金工业中，利用涡流的热效应，制成高频感应炉来冶炼金属，如图3.55所示。

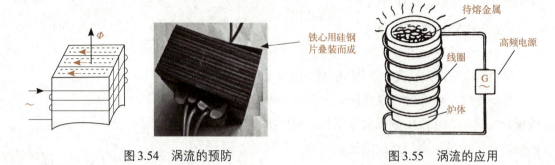

图3.54 涡流的预防　　　　　图3.55 涡流的应用

动脑筋

1. 想一想，你能说出电磁感应在生产生活中的应用实例吗？
2. 为什么当导体平行于磁感线运动时不能产生感应电动势？
3. 右手定则与左手定则有什么区别？
4. 变压器的铁心为什么要用很薄的绝缘硅钢片制成？

3.6 电 感

电感器也是电子电路中的基本电气元件之一，它在交流电路中常用来阻流、滤波、耦合、选频等。了解电感器的外形、特性及其主要技术参数是非常必要的。

看一看　电路中的电感啥模样

电感器广泛应用于各种电子电路。在图3.56中可以看到电感器在电子电路中的广泛使用，它是用绝缘导线绕制的各种线圈。

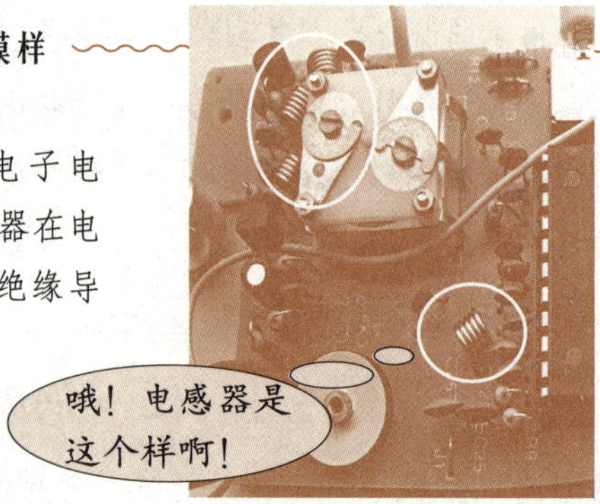

哦！电感器是这个样啊！

图3.56 对讲机局部电路中的电感器

3.6 电感

3.6.1 认识电感器

用绝缘导线绕制的各种线圈统称**电感器**，又叫**电感线圈**，简称**电感**。在电感线圈外加不同的封装，就形成了各种形状的电感器，如图 3.57 (a) 所示。电感器的文字符号为 L，一般图形符号如图 3.57 (b) 所示。

(a) 电感器的外形　　　　　　(b) 一般图形符号与文字符号

图3.57　电感器及其表示符号

3.6.2 自感现象

电容器是一种储能元件，它的端电压不能突变。下面我们通过仿真实验来探索电感器的特性。

视频：自感现象——灯延时亮仿真实验

仿真实验　观察自感现象

通过 EWB 仿真软件搭接如图 3.58 所示的仿真实验电路。

1. 接通仿真电源，合上开关 S

实验现象：灯 HL_1 立刻发亮，电流表 A_1 的读数几乎立刻达到最大值 779.2mA，电感线圈回路中的灯 HL_2 延迟亮，电流表 A_2 的读数由 0mA 慢慢地增大，最后也达到 779.2mA，如图 3.59 所示。

现象分析：合上开关 S 后，电感线圈回路中的电流

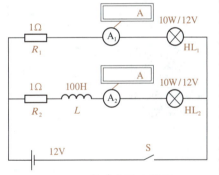

图3.58　仿真实验电路图

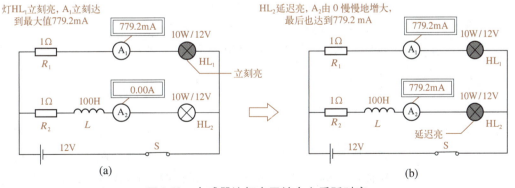

图3.59　电感器让灯在开关合上后延时亮

由 0mA 增加到 779.2mA，使通过线圈的磁通增大。由电磁感应定律可知，线圈将产生一个感应电动势来阻碍磁通的增加，而要阻碍磁通的增加就必须阻碍线圈回路电流的增加。可见，电感线圈在电流增大时所产生的自感电动势的方向与电感线圈回路中电流的方向相反，它将阻碍电流的增大，因此，电感回路中的电流不能立刻增大，灯不能立刻亮。

实验结论：线圈中慢慢增大的电流使线圈产生感应电动势，此感应电动势阻碍电感线圈回路中电流的增大。

2. 断开开关 S

实验现象：灯 HL_1、HL_2 延时熄灭，电流表 A_1、A_2 的读数由 779.2mA 慢慢减小至 0mA，如图3.60所示。

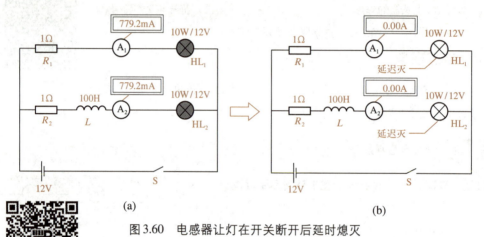

图 3.60　电感器让灯在开关断开后延时熄灭

视频：自感现象——
灯延时灭仿真实验

现象分析：断开开关 S 后，电感线圈回路中的电流由 779.2mA 减小至 0mA，使通过线圈的磁通减小。由电磁感应定律可知，线圈将产生一个感应电动势来阻碍磁通的减小，要阻碍磁通的减小就必须阻碍线圈回路电流的减小。可见，电感线圈在电流减小时所产生的自感电动势的方向与电感线圈回路电流的方向相同，它将阻碍电流的减小，因此电感回路中的电流不能立刻减小至 0，灯不会立刻熄灭，而是延时熄灭。电感器的存在让灯在开关 S 断开后延时熄灭，说明电感器是一个储能元件。

实验结论：线圈中逐渐减小的电流使线圈产生感应电动势，此感应电动势阻碍电感线圈回路中电流的减小，电感器是一个储能元件。

规律探索：不管是线圈中慢慢增大的电流使线圈自身产生感应电动势来阻碍电流的增加，还是线圈中慢慢减小的电流使线圈自身产生感应电动势来阻碍电流的减小，我们都可以得出这样的规律，电感线圈中的电流不能发生突变。电感线圈是一个储能元件。

线圈中变化的电流使该线圈自身产生感应电动势的现象称为**自感现象**，由此产生的感应电动势，称为**自感电动势**，通常用 e_L 来表示。

3.6.3 电感的参数与电感器选用识别

电感器主要参数有电感量、允许误差、额定电流、品质因数、分布电容等，其中最重要的参数一般标注在电器的外壳上，作为识别选用电感器的指标。

1. 电感量

由前面的仿真实验可知，当变化的电流通过电感线圈时，线圈本身会产生感应电动势。为了表示电感线圈产生感应电动势的能力，我们引入**电感量**这个物理量，电感量又称**自感系数**，用符号 L 表示，其单位为亨，符号为 H。

电感量常用的单位还有毫亨（mH）、微亨（μH）、纳亨（nH），它们之间的换算关系是

$$1H=1000mH；1mH=1000\mu H；1\mu H=1000nH$$

电感量常常采用各种方法标注在电感器的外壳上，如图3.61所示。

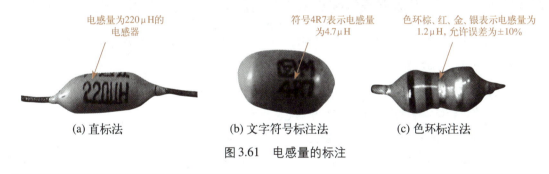

(a) 直标法　　　(b) 文字符号标注法　　　(c) 色环标注法

图 3.61　电感量的标注

> **特别提示**：空心线圈的结构一定时，它的电感量是一个常数，我们把这种电感称为**线性电感**。铁心线圈的电感量会随着电流的变化而变化，我们把这种电感称为**非线性电感**。

线圈电感量的大小主要取决于线圈的结构，即线圈的匝数、尺寸、绕制方式、有无磁心或铁心，以及磁心的形状和磁性等。一般情况下，线圈匝数越多电感量越大，有磁心或铁心的线圈比没有磁心或铁心的线圈电感量大；磁心磁导率越大的线圈，电感量也越大。

2. 允许误差

电感器的实际电感量与标称电感量之间有一定的误差，在国家标准规定

的允许范围之内的误差称为**允许误差**。电感量的允许误差与电容器的允许误差一样可以采用直接标注、罗马数字标注、字母标注及色环标注等多种方法标注在电感器的外壳上。图 3.61 (b) 中所示的字母 M 表示电感器的允许误差为 ±20%。当允许误差用字母表示时，其字母所表示的含义见表 3.1。

3. 额定电流

我们把电感在正常工作时所允许通过的最大电流值称为电感器的额定电流。当电感器的工作电流超过其额定电流时，电感器的性能参数会因过热而发生改变，甚至会烧毁电感器。

4. 品质因数

品质因数（Q）是衡量电感器质量的主要参数。电感器的 Q 越高，其损耗越小，效率越高。

5. 分布电容

电感线圈的匝与匝之间、线圈与磁心之间存在的电容叫电感器的分布电容。电感的分布电容越小，其稳定性越好。

电感器的质量可以用万用表欧姆挡来判断。根据检测电阻值大小，可以简单判别电感器的质量。

实践活动：用万用表欧姆挡判断电感器的质量

将万用表置于 $R \times 1$ 挡，先调零，然后用万用表的红、黑表笔分别接电感器的两个引出端。电感器的实验现象与质量判别如下。

实验现象一：

万用表指针偏转幅度最大，电感器的检测电阻为零。

质量判断：电感器内部有短路性故障。

注意：许多电感器的电阻值只有零点几欧姆，在测试时必须认真调零，仔细观察表针是否真在零位，以免误判。

实验现象二：

万用表指针不动，电感器检测电阻值为无穷大。

质量判断：电感器有断路故障。

实验现象三：

万用表指针有一定的摆幅，电感器检测电阻为一定值。

质量判断：电感器可用。

注意：可以通过观察电感器的外形，根据电感器的电阻值与其线圈的匝数成正比，与其导线的直径成反比的特性做出一些辅助判断。

知识拓展 互感现象及其在工程上的应用

一、互感现象

下面通过一个小实验来探索当一个线圈中的电流发生变化时，能不能使另外一个线圈产生感应电动势。

> **小实验** 互感现象的产生
>
> 将两个套在同一个铁心上的电感线圈连接成如图3.62所示的实验电路，合上开关S，观察实验现象。
>
> 实验现象：在开关S闭合的瞬间，线圈2回路的检流计指针偏转一下马上回零位，在开关S断开的瞬间，线圈2回路中检流计的指针反偏一下后回零位。
>
>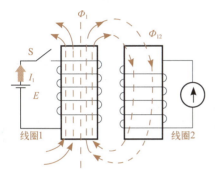
>
> 图3.62 互感实验电路图
>
> **注意**：由图3.62所示可知，线圈1中的电流I_1产生的磁通Φ_1的一部分Φ_{12}穿过了线圈2，线圈1与线圈2具有磁的联系，这种磁联系叫做**磁耦合**。
>
> 现象分析：在开关闭合瞬间，流过线圈1的电流I_1由0A增大到一个定值，这个变化的电流I_1产生的磁通Φ_1、Φ_{12}也会跟着增大。由电磁感应定律可知，逐渐增大的磁通Φ_{12}会使线圈2产生感应电动势、感应电流来阻碍它的增加，此感应电流使检流计的指针发生了偏转。
>
> 开关闭合后，线圈1中的电流I_1达到一个稳定的值，I_1所产生的磁通Φ_1、Φ_{12}也不再变化。由电磁感应定律可知，线圈2中不会产生感应电动势、感应电流，因此指针回零位。
>
> 在开关断开瞬间，流过线圈1的电流I_1由一个定值减小至0A，由它产生的磁通Φ_1、Φ_{12}也会跟着减小。由电磁感应定律可知，线圈2中产生的感应电动势、感应电流会反向，因此，检流计的指针在开关断开瞬间反偏。
>
> **实验结论**：当一个线圈中的电流发生变化时，与这个线圈有磁耦合关系的另一个线圈会产生感应电动势。

我们把一个线圈中的电流发生变化时,使另一个线圈产生感应电动势的现象叫做**互感现象**。由互感现象产生的电动势叫互感电动势。

自感是自身线圈发生的电磁感应,互感是两个(或多个)具有磁联系的线圈之间发生的电磁感应。

1. 互感系数

当一个线圈中的电流发生变化时,与这个线圈具有磁联系的其他线圈就会产生互感电动势。为了定量表征两个线圈之间互感的能力,我们引入了**互感系数**这个物理量,用符号 M 表示,其单位跟自感系数的单位相同,为 H。

互感系数 M 与两个线圈的匝数、几何形状、尺寸、相对位置及周围的介质等因素有关,它的大小反映了一个线圈电流变化时对另一个线圈产生互感电动势的能力。

在不需要利用互感耦合时,常把线圈间加大距离或相互垂直安放。

2. 同名端

为了更好地利用互感服务我们的生产与生活,我们还需要了解互感线圈的极性。

> **小实验**　了解互感线圈极性
>
> 如图3.63所示,把线圈 a、b、c 套在同一铁心或磁心上,给线圈 a 通入电流 I,改变电流 I 的大小,以获得变化的磁通 Φ,用万用表电压挡检测线圈 b、c 各端头的瞬时极性。
>
>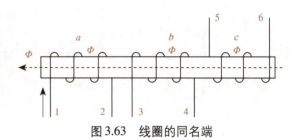
>
> 图3.63　线圈的同名端
>
> 实验现象:当磁通 Φ 增大时,用万用表测得线圈端3、5瞬时极性为正,线圈端4、6瞬时极性为负,当磁通 Φ 减小时,万用表测得线圈端3、5瞬时极性为负,线圈端4、6瞬时极性为正。
>
> 现象分析:根据电磁感应定律,当穿过线圈 b、c 的磁通 Φ 增大时,可以判别出线圈 b、c 端头的瞬时极性是3、5为正,4、6为负。当穿过线圈 b、c 的磁通 Φ 减小时,可以判别出线圈 b、c 端头的瞬时极性是3、5为负,4、6为正。
>
> 不管通过线圈的磁通 Φ 增大还是减小,线圈端3与5、4与6的瞬时极性总是相同的,线圈端3与6、4与5的瞬时极性总是相反的。
>
> **实验结论**:我们把在同一变化磁通作用下的线圈,其感应电动势瞬时极性相同的线圈端叫做**同名端**,感应电动势瞬时极性相反的线圈端叫做**异名端**。

由上述实验可知,同名端与磁通的增大/减小没有关系,它由线圈的绕向决定,线圈的绕向改变,其同名端也会改变。在实际应用中,一般不画出具有磁耦合关系线圈的绕向,只画电感符号，用符号"*""+"表示出线圈的同名端，如图3.64所示。

生产好的成品变压器，从外表是看不出其线圈的绕向的，因此在制造变压器时，就用同名端符号"*""+"等来标示线圈的绕向。

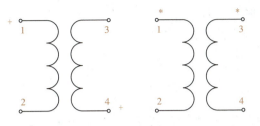

图3.64 线圈同名端

二、变压器——互感在工程技术上的应用

变压器就是对互感原理在工程技术上的应用。把两个线圈装在同一个铁心上，当一个线圈接上交流电源时，在另外一个线圈上就会产生互感电动势，这个互感电动势相当于一个电源，可以为负载提供交流电能。变压器结构与图形和文字符号示意图如图3.65所示。

1. 变压器简介

变压器是利用电磁感应原理制成的静止电气设备。将两个线圈套在同一个铁心上，就构成了一个最简单的变压器。接电源的线圈称为**一次线圈**，接负载的线圈称为**二次线圈**。它能将某一交流电压值变化成同一频率的另一所需电压值的交流电。变压器的结构示意图如图3.65(a)所示。变压器的文字符号为T，其图形符号如图3.65(b)所示。

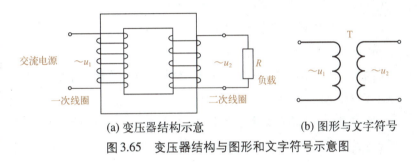

(a) 变压器结构示意　　　　(b) 图形与文字符号

图3.65 变压器结构与图形和文字符号示意图

变压器的类型很多，按用途可以分为电力变压器、专用变压器、仪用变压器、小功率变压器。

2. 变压器的变压比、变流比

实验证明，变压器的变压比与变流比遵从如下规律。

(1) 变压比

实验证明，变压器的一次线圈匝数与二次线圈匝数之比等于变压器一次侧电压与二次侧电压之比，而且它们的比值是一个常数，我们把这个比值称为变压器的变压比，用符号 K 表示。如果变压器一次线圈匝数为 N_1，二次线圈匝数为 N_2，一次侧电压为 U_1，二次侧电压为 U_2，则变压器的变压比可以表示为

$$K = \frac{N_1}{N_2} = \frac{U_1}{U_2} \tag{3.21}$$

式中，K——变压器的变压比；

U_1、U_2——变压器一、二次侧电压；

N_1、N_2——变压器一、二次侧绕组匝数。

(2) 变流比

变压器一次侧电流与二次侧电流之比等于变压器的二次线圈匝数与一次线圈的匝数之比。我们把变压器一次侧电流与二次侧电流之比称为变压器的变流比，其表达式为

$$\frac{I_1}{I_2} = \frac{N_2}{N_1} = \frac{1}{K} \tag{3.22}$$

由式（3.22）可以看出，变压器的变流比是变压比的倒数。

3. 变压器的阻抗变换作用

变压器的二次线圈对负载而言，相当于一个电源。把负载电阻通过变压器接在电源上与把负载电阻直接接在电源上效果是不一样的。实验研究证明，如果变压器一、二次绕组匝数分别为N_1、N_2，负载电阻为Z_L，一次绕组阻抗为Z_1，则Z_1、Z_L与K具有这样的规律：$Z_1 = K^2 Z_L$。

这就是变压器的阻抗变换特性，其阻抗变换公式为

$$Z_1 = K^2 Z_L \tag{3.23}$$

式中，Z_1——变压器一次绕组的等效电阻；

Z_L——变压器所接的负载电阻；

K——变压器的变压比。

结论：变压器具有阻抗变换特性，它把负载电阻增大K^2倍后接在电源上。

4. 阻抗变换的应用

阻抗变换在电器电路中很常见，一般扬声器的阻抗很小，只有4～16Ω，如果直接接到功率放大器的输出端，扬声器得到的功率很小，声音就会很小，只有经输出变压器把扬声器阻抗变换成与功率放大器内阻一样大，扬声器才能得到最大的功率，这就是我们常说的阻抗匹配。阻抗匹配也是对本书单元2中"负载获得最大功率"原理的运用。

如果已知负载阻抗Z_L的大小，要把它变为与功率放大器内阻Z_1一样大的阻抗，只需要接入一个变压器，使变压器的变压比$K = \sqrt{\dfrac{Z_1}{Z_L}}$即可。

动脑筋

1. 线圈产生自感的条件是什么？

2. 已知功率放大器的内阻是800Ω，而扬声器的阻抗只有8Ω，如果直接把扬声器接在功率放大器上，扬声器能正常工作吗？应该怎么办？

巩固与应用

（一）填空题

1. 电容器根据结构可分为_____、_____、_____三类。

2. 当一只电容器耐压不满足电路要求而容量又足够大时，可将几只电容器_____联使用，以提高其_____。

3. 电容器的主要参数有_____、_____、_____。

4. 磁感线是互不交叉的_____，磁感线上任意一点的切线方向，就是该点的_____，磁感线的疏密程度反映了磁场的强弱。

5. 磁场中某点磁场的大小，等于该点磁感应强度 B 与_____的比值。

6. 导体在磁场内"切割"_____运动时产生的电动势，叫感应电动势。导体在单位时间内切割的磁感线越多，则_____越大，反之则小。

7. 由楞次定律可知，感应电流产生的磁场总是会_____原来磁场的变化。

8. 法拉第电磁感应定律用来计算感应电动势的_____，楞次定律用来判断感应电动势的_____，_____是楞次定律的特例。

9. 用绝缘导线绕制的各种线圈统称_____。电感线圈中电流发生变化而使该线圈自身产生感应电动势的现象称为_____，由此产生的感应电动势，称为_____，通常可用 e_L 来表示。

10. 一个线圈中的电流发生变化时，使另一个线圈产生感应电动势的现象叫_____。

（二）判断题

1. 无论将电容器接在直流电源上还是交流电源上，它的电容量都是不变的。（　　）

2. 几只电容器并联后的等效电容比其中任何一个都大。（　　）

3. 磁性物质的磁滞回线所包围的面积越大，它处在交变磁场中所产生的磁滞损耗就越大。（　　）

4. 磁屏蔽就是利用高导磁材料为干扰磁场提供一个磁阻很低的磁路，避免干扰磁场穿过电子设备而影响设备的正常工作。（　　）

5. 外磁场发生变化使线圈产生的感应电流所产生的磁场总是和外磁场方向相反。（　　）

6. 涡流对含有铁心的电动机和电气设备是有害的。电气设备的铁心采用电阻率大、表面涂有绝缘漆的硅钢片叠装而成就是为了减小涡流。（　　）

7. 通过一个线圈的电流发生变化时，使另一个线圈产生感应电流的现象叫互感。变压器就是对互感的具体运用。（　　）

（三）单项选择题

1. 某两只电容 C_1、C_2 并联，其中 C_1 的电容量是 C_2 电容量的一半，则加上电压后，C_1、C_2 所带电量

Q_1、Q_2间的关系是（　　）。

  A. $Q_1=Q_2$　　B. $Q_1=2Q_2$　　C. $2Q_1=Q_2$　　D. $Q_1=3Q_2$

2. 如图3.66所示，条形磁铁从空中落下并穿过空心线圈。设磁铁在空气中重力加速度为g，则该磁铁在线圈中的加速度（　　）。

  A. 大于g　　B. 小于g　　C. 等于g　　D. 不能判定

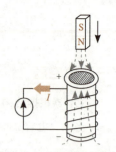

图3.66　单项选择题2图

3. 如图3.67所示，导体AB在匀强磁场中按箭头所指方向运动，其结果是（　　）。

  A. 不产生感应电动势　　　　B. 有感应电动势，方向为A指向B

  C. 有感应电动势，方向为B指向A　　D. 都不正确

4. 下列可以用作变压器的铁心的物质是（　　）

  A. 整块的纯铁　　B. 涂有绝缘漆的硅钢片

  C. 矩磁材料　　D. 硬磁材料

5. 线性电感的电感量与下面（　　）选项无关。

  A. 线圈的匝数　　　　B. 线圈内有无铁心

  C. 通过线圈的电流　　D. 线圈的尺寸与绕制方式

图3.67　单项选择题3图

（四）问答题

1. 公式$C=\dfrac{Q}{U}$，是不是说明电容器不带电时，$Q=0$，$U=0$，因此$C=0$，电容器就无电容了？

2. 为什么RC串联电路接通直流电源的瞬间电路中的电流最大？

3. 电容器充电结束后，电路中的电流为零，说明电容器具有什么特性？

4. 楞次定律告诉我们，感应电流产生的磁通总是阻碍原磁通的变化，这是否说明感应电流产生的磁通总是与原磁通方向相反？

5. 涡流是怎么产生的？它对电气设备有什么影响？

（五）计算题

1. 有两只电容器，其中$C_1=2\mu F$，$C_2=4\mu F$，将它们串联起来后，接到端电压$U=120V$的电路上，求每只电容器两端所承受的电压。

2. 在磁感应强度$B=0.1T$的均匀磁场中，一根长1m的导体与磁感线垂直，当导体中流过0.5A的电流时，求导体所受到的电磁力。

3. 一只电感量为1H的电感器，如果通过它的电流在0.08s内由0A增加到8A，这个电感器产生的自感电动势有多大？

（六）实践题

考察电子元器件市场和家用电器维修部，看自己认识哪些电子元器件。

单元 4 单相正弦交流电路

单元学习目标

知识目标

1. 理解正弦交流电的三种表示法及其相互转换,理解有效值、最大值、平均值的概念,掌握它们之间的关系;理解频率、角频率和周期的概念,掌握它们之间的关系;理解相位、初相位和相位差的概念,掌握它们之间的关系,掌握三要素。
2. 掌握电阻、电感、电容三个单一参数交流电路上电压、电流的数量关系与相位关系;理解感抗、容抗、阻抗、有功功率、无功功率的概念。
3. 理解RL、RC、RLC串联电路阻抗的概念;掌握它们的电压三角形、阻抗三角形及应用。
4. 理解交流电路中瞬时功率、有功功率、无功功率、视在功率的概念,并会计算有功功率、无功功率和视在功率;理解功率三角形和功率因数;了解功率因数的意义和提高功率因数的意义及方法。
*5. 了解串联谐振电路的特点;掌握谐振条件、谐振频率的计算;了解影响谐振曲线、通频带、品质因数的因素;了解串联谐振在工程上的应用和防护措施。

能力目标

1. 熟悉实训室工频电源配置,认识电工常用仪器仪表,会正确使用试电笔。
2. 会使用信号发生器、毫伏表和示波器观察信号波形,测量正弦电压的频率和峰值,会观察电阻、电感和电容元件上电压与电流之间的关系。
3. 会使用交流电压表、交流电流表及万用表测量交流电路的电压、电流;

单元 4　单相正弦交流电路

　　　　熟练使用示波器观察交流串联电路电压与电流之间的相位差。
　4. 认识常用电光源、新型电光源的构造与应用；能绘制荧光灯电路并能按图安装，会排除电路的简单故障。
　5. 了解电能表、开关、保护装置等元器件的外部结构、性能和用途；会使用单相感应电能表测电能，会安装照明电路配电板。

思政目标

　1. 培养科学思维、辩证思维、创新思维，关于透过现象看本质。
　2. 树立环保意识、成本意识，践行绿色发展理念。
　3. 传承和发扬严谨细致、吃苦耐劳的传统美德。

在电力系统中，考虑到传输、分配和应用电能方面的便利性、经济性，多采用交流电。因此，常见的动力设备、照明设备和家用电器等使用的都是交流电。那么，我们生活或生产中的交流电是从哪里来的呢？它是如何传输的呢？图4.1展示了交流电的产生、传输和使用的系统。

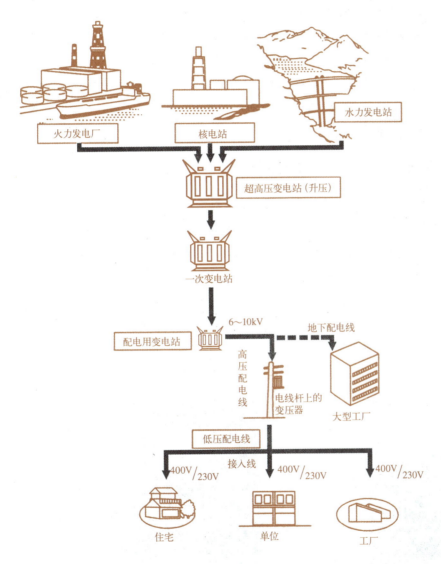

图4.1 交流电的产生、传输和使用的系统

随着科技的发展和人类生活的进步，人们对电的依赖越来越强烈。试想，一旦停电，其后果是什么？至少是严重影响人们的生产和生活。那么，我们现在使用的交流电有哪些规律？它们所组成的电路又有哪些特点呢？

实训项目 3　单相正弦交流电的认识

实训目的　1. 熟悉实训室工频电源的供配电线路及设备。
　　　　　　2. 了解交流电压表、交流电流表、钳形电流表、万用表、单相调压器、信号发生器等仪器、仪表。
　　　　　　3. 了解试电笔构造并会正确使用。

实训设备　交流电压表、交流电流表、钳形电流表、万用表、单相调压器、信号发生器等仪器、仪表，钢笔式、旋具式、数字式、感应式试电笔，每组一套。

任务一　熟悉电工实训室的工频电源供配电系统

我们观察和了解单相正弦交流电，主要在电工实训室里进行。电源是实训室的必要配置。电源进线及电源配电箱（实训图3.1）是电工实训室电源配置的关键控制设备。进入实训室实训或离开实训室，都需要接通或断开电源。因此，了解电源进线及电源配电箱的电源总开关、电源分组开关，以及正确地操作它们，是非常重要的。电工实训室供电系统原理图如实训图3.2所示。

我国使用的交流电源是工频电源，工频电源是指频率为50Hz或60Hz的交流电源。

在参观的基础上记下本校电工实训室电源如下相关数据，并记入实训表3.1。

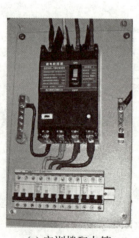

(a) 实训楼配电箱

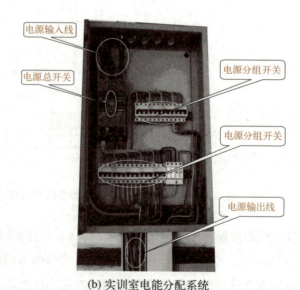

(b) 实训室电能分配系统

实训图3.1　实训楼配电箱与实训室电源分配系统

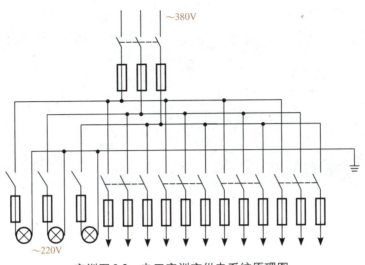

实训图 3.2　电工实训室供电系统原理图

实训表 3.1　实训室电源有关数据记录

实训室电源相数	实训室总熔断器规格／A	电工实训室主电源导线截面面积／mm²	电工实训室开关容量／A

任务二　初识交流电，了解观察和认识交流电的常用仪器、仪表

连接信号发生器和示波器电路，通过信号发生器向示波器输入直流电压信号和交流电压信号。我们观察示波器显示的波形（实训图 3.3），会发现直流电压信号的大小与方向是不随时间变化的，波形呈直线；而交流电压的信号波形按照交流电的大小和方向随时间按正弦的规律变化。

交流电仍然是看不见摸不着的，因此要借助一些仪器、仪表来帮助我们观测和认识。

1. 电工综合实训操作台及部分配套仪器

实训图 3.4 是电工综合实训操作台及部分配套仪器。

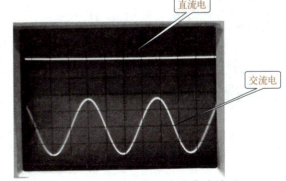

实训图 3.3　示波器上的直流、交流电流波形

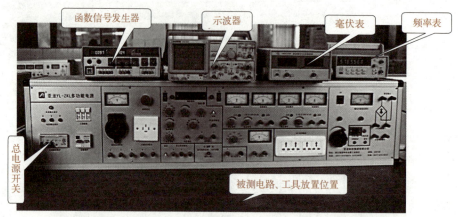

实训图3.4 电工综合实训操作台及部分配套仪器

2. 认识和观察交流电常用仪器、仪表

(1) 交流电压表

交流电压表的外形如实训图3.5所示,它的用途是测量交流电路或设备的交流电压。它的使用方法比直流电压表更为简单,要求与被测线路或设备并联,但不分极性,量程选择必须高于被测对象的电压峰值。

(2) 交流电流表

交流电流表的外形如实训图3.6所示,它的用途是测量线路和设备的交流电流。接线时,它也不分极性,但必须串联接入交流电路中,其量程也必须大于被测线路和设备电流峰值。

(3) 钳形电流表

钳形电流表的外形如实训图3.7所示,它的用途与交流电流表相同。测量时不用断开线路,直接将被测导线钳入仪表钳口中间位置即可读数,在量程选择上仍然要注意必须大于被测线路电流峰值。

实训图3.5 交流电压表的外形　　实训图3.6 交流电流表的外形　　实训图3.7 钳形电流表的外形

(4) 万用表

万用表在单元2中已经学习和用它检测过电压、电流和电阻,在这里只是进一步熟悉交流

电的各种相关参数的检测方法和相关注意事项，其基本方法与单元2所述相同。

(5) 单相调压器

单相调压器又名单相调压变压器或自耦变压器，它的用途是为线路或实验提供0～250V连续可调的交流电压。其外形如实训图3.8(a)、(b)所示，接线如实训图3.8(c)、(d)所示。它的一次侧$1U_1$与$1U_2$接220V交流电源。它的二次侧$2U_1$和$2U_2$接用电设备。要特别注意的是，由于它的一、二次侧是直接的电连接，所以无论输出电压有多低，一、二次侧的导电部分和输入、输出线的裸露部分都严禁接触，否则会导致触电。

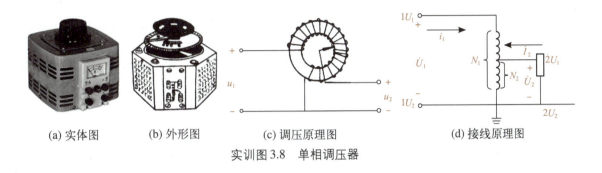

(a) 实体图　　(b) 外形图　　(c) 调压原理图　　(d) 接线原理图

实训图3.8　单相调压器

(6) 函数信号发生器

函数信号发生器能产生0.6Hz～1MHz的正弦波、方波、三角波、脉冲波、锯齿波，具有直流电平调节、占空比调节，其频率、幅值可用数字直接显示。实训图3.9所示为YL-238型函数信号发生器面板图。

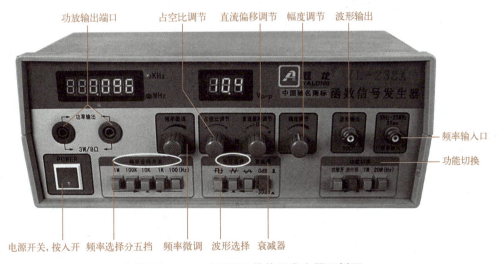

实训图3.9　YL-238型函数信号发生器面板图

请在实训表3.2中记入你所见仪器、仪表的相关内容。

实训表 3.2　实训室仪器仪表参观记录

名称	型号规格	用途
交流电压表		
交流电流表		
钳形电流表		
万用表		
调压器		
信号发生器		

任务三　了解试电笔的构造与使用方法

试电笔是用于检验电气线路和设备是否带有电压（一般60V以上）的工具。常用的试电笔有旋具式、钢笔式、数字式和感应式等几种，分别如实训图3.10～图3.12所示。

实训图3.10　旋具式试电笔

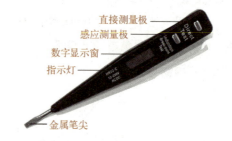

(a) 数字式试电笔

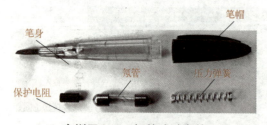

实训图3.11　钢笔式试电笔

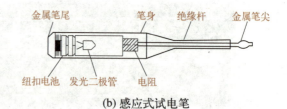

(b) 感应式试电笔

实训图3.12　数字式试电笔与感应式试电笔

试电笔在使用中应注意如下两个方面：

1) 检查外观，凡外观缺损、无安全电阻、进水、受潮绝对不能使用，勉强使用将会导致操作人员触电。

2) 验电时，使氖管正常发光的电流通路是，带电体→试电笔→人体→大地→带电体形成回路，所以手必须接触试电笔上端的金属笔挂（钢笔式）或金属帽（旋具式、感应式），如实训图 3.13 和实训图 3.14 所示。数字式试电笔［实训图 3.12(a)］可直接使用，无须接触其金属部分。

关键与要点

试电笔使用前，应先在有电的物体上检验它是否能正常验电，如果是氖管或其他部件损坏、接触不良，不能正常验电，将会造成人们认为已带电的物体无电的误判。这是非常危险的！

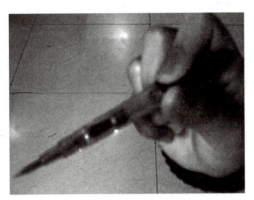

实训图3.13 钢笔式试电笔握法

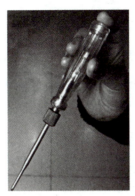

实训图3.14 旋具式试电笔握法

分别用旋具式、钢笔式、数字式和感应式试电笔检测已通电的操作台或墙壁上三孔电源插座，检测哪些插孔有电，并用"有电""无电"字样记入实训表3.3。

实训表3.3 试电笔的使用记录

试电笔	上孔	左孔	右孔	试电笔	上孔	左孔	右孔
旋具式				数字式			
钢笔式				感应式			

实训成绩评定，见实训表3.4。

实训表3.4 成绩评定表

评定内容	评定标准	自评得分	师评得分
实训态度（9分）	态度好、认真9分，较好7分，一般4分，差0分		
爱护仪器、仪表（9分）	好9分，较好6分，一般4分，差0分		
电源部分参观记录（16分）	共4项，每项4分，有误酌情扣分		
仪器、仪表参观记录（42分）	型号规格6项，每项2分，用途6项，每项5分，有误酌情扣分		
试电笔使用（24分）	共12项，每项2分，有误酌情扣分		
总分			

实训指导教师： 学生： 完成时间：

单元 4　单相正弦交流电路

正弦交流电的基本物理量

我们观察实训3.3示波器显示的波形,了解到交流电压的信号波形是随时间按正弦规律变化的。这是我们研究单向交流电的最基本的图像。下面我们将学习和了解正弦交流电的变化规律和基本物理量。

4.1.1　交流电的变化规律

水力发电站、风力发电站、火力发电站、核电能发电站所产生电流的大小和方向都是随时间按正弦规律变化的,所以把它们称为**正弦交流电**。实训项目3的任务二中直接观察到的交流电流和直流电流的两种波形如图4.2所示。

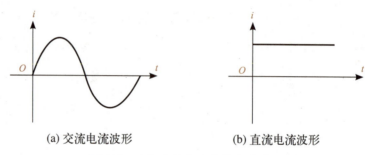

(a) 交流电流波形　　　　　　(b) 直流电流波形

图4.2　坐标上的交、直流电流波形

交流电与直流电一样,看不见、摸不着,它的变化规律似乎很抽象,其实交流电的变化规律与我们小时候荡秋千的摆动规律是一致的,从图4.3可以看出。

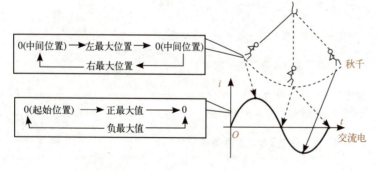

图4.3　荡秋千与交流电变化规律的对比

在荡秋千时,人体从中间平衡位置开始,到左边最远后回到中间,再摆到右边最远的摆动规律,与交流电的变化规律相似。交流电从 0→正最大值→0→负最大值→0,这种周而复始的变化（周期性变化）遵守数学中的正弦函数的变化规律,

所以把它称为**正弦交流电**。在正弦交流电中电流的计算公式为

$$i = I_m \sin\omega t \tag{4.1}$$

式中，i——正弦交流电瞬时值，随时间不断变化，A；

I_m——正弦交流电最大值，A；

ω——交流电的角频率，rad（弧度）。

4.1.2 交流电解析式与波形图之间的关系

图 4.3 中右下部的图，称为交流电的波形图，式（4.1）叫做交流电的**解析式**，它们是交流电的两种表示法。下面探讨交流电流、电动势、电压解析式与它们的波形图之间的对应关系。这三个量的对应关系见表 4.1。

表 4.1　交流电解析式与波形图的对应

交流电参数	解析式	波形图	说明
交流电流	$i_1 = I_{1m}\sin\omega t$ $i_2 = I_{2m}\sin(\omega t + \varphi_0)$	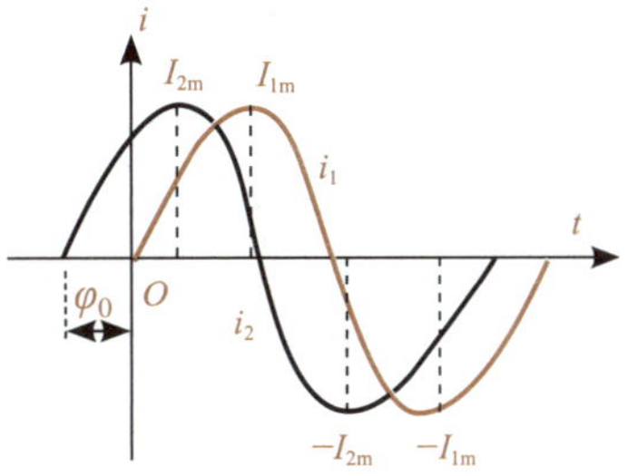	
交流电动势	$e_1 = E_{1m}\sin\omega t$ $e_2 = E_{2m}\sin(\omega t + \varphi_0)$	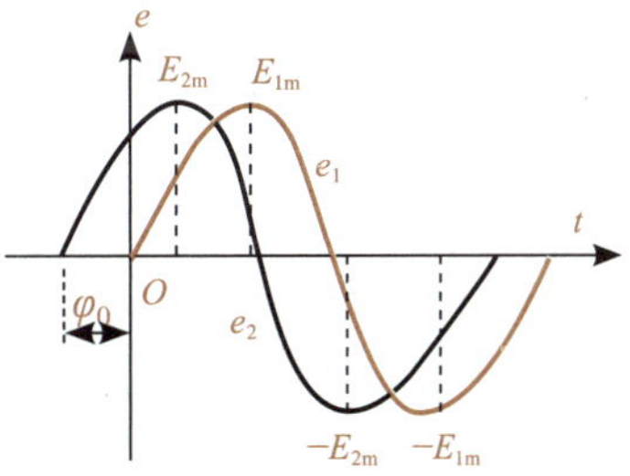	当交流电 i_2、e_2、u_2 起始时不在坐标原点，有一个初始角，即后面要学习的初相位；i_1、e_1、u_1 起始于坐标原点，初相位为零
交流电压	$u_1 = U_{1m}\sin\omega t$ $u_2 = U_{2m}\sin(\omega t + \varphi_0)$	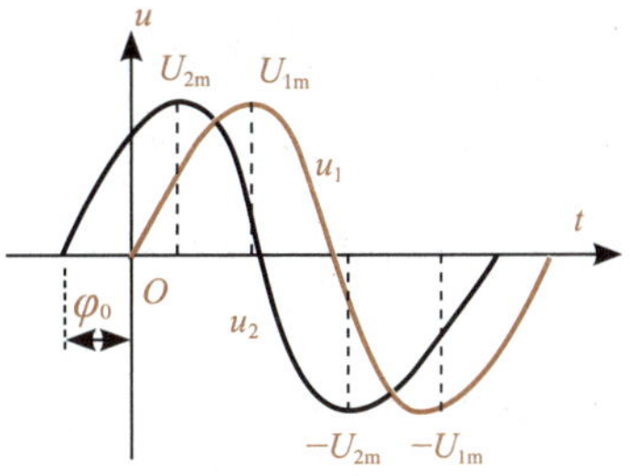	

> **注意**：在波形图中，各自采用的坐标系不一样。电流用 $i\text{-}t$，电动势用 $e\text{-}t$，电压用 $u\text{-}t$。表4.1中，i、e、u 表示正弦电流、电动势、电压的瞬时值，I_m、E_m、U_m 是它们对应的最大值。

4.1.3 交流电的相关物理量及三要素

1. 最大值、有效值与平均值及其相互关系

表示交流电的物理量除了4.1.2节提到的瞬时值、最大值外，还有有效值、平均值。

(1) 瞬时值

正弦交流电的电流、电动势、电压随时间不断变化，但每一个时刻都有一个确定值，这个值叫**瞬时值**，瞬时值一般用小写字母表示，如电流用 i，电压用 u，电动势用 e。它们各自的变化规律是

$$\left. \begin{array}{l} i = I_m \sin\omega t \\ u = U_m \sin\omega t \\ e = E_m \sin\omega t \end{array} \right\} \tag{4.2}$$

图4.4中在 t_1 时刻所对应的电流 i_1，就是该时刻的电流瞬时值。

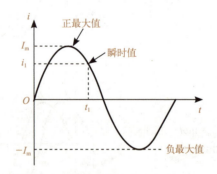

图4.4 交流电流的瞬时值与最大值

(2) 最大值

最大值又叫振幅或峰值，是正弦交流电最大的瞬时值，用大写字母带下标"m"表示，用 I_m、U_m、E_m 分别表示电流、电压和电动势的最大值。在图4.4中，I_m 和 $-I_m$ 分别是交流电流的正最大值和负最大值。

(3) 有效值

正弦交流电有效值是根据它热效应的效果来规定的，即让交流电与直流电分别通过相同阻值的电阻，在相同时间内，两者所产生的热量相

同，则这个直流电的数值就规定为交流电的**有效值**，其中电流、电压和电动势的有效值分别用大写字母 I、U、E 表示。

有效值与最大值的关系：有效值是最大值的 $\frac{\sqrt{2}}{2} \approx 0.707$ 倍，即

$$\left. \begin{array}{l} I = \frac{\sqrt{2}}{2} I_m \approx 0.707 I_m \\ U = \frac{\sqrt{2}}{2} U_m \approx 0.707 U_m \\ E = \frac{\sqrt{2}}{2} E_m \approx 0.707 E_m \end{array} \right\} \quad (4.3)$$

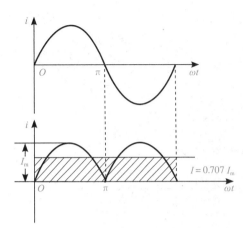

图 4.5 有效值与最大值的关系

在波形图上，有效值与最大值的关系如图 4.5 所示。

(4) 平均值

正弦交流电在半个周期内，在同一方向通过导体横截面的电流与半个周期所用时间的比值称为正弦交流电在该半个周期的**平均值**。用字母 I_p、U_p、E_p 分别表示电流、电压和电动势的平均值，它们在数值上等于最大值的 $\frac{2}{\pi} \approx 0.637$ 倍，即

$$\left. \begin{array}{l} I_p = \frac{2}{\pi} I_m \approx 0.637 I_m \\ E_p = \frac{2}{\pi} E_m \approx 0.637 E_m \\ U_p = \frac{2}{\pi} U_m \approx 0.637 U_m \end{array} \right\} \quad (4.4)$$

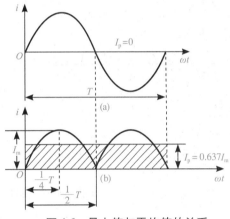

图 4.6 最大值与平均值的关系

在波形图上，最大值与平均值的关系如图 4.6 所示。

2. 正交流电的周期、频率、角频率及其相互关系

描述正交流电的物理量（又名参数）除了上述的瞬时值、最大值、有效值、平均值以外，还有周期、频率、角频率，以及相位、初相位、相位差等。这里讨论周期、频率与角频率的概念、符号、单位及它们之间的相互关系。

(1) 周期

正弦交流电随时间变化一周所用的时间叫**周期**。如图 4.7(a) 中的交流电 $0 \to \frac{T}{4} \to \frac{T}{2} \to \frac{3T}{4} \to T$ 即可完成一个周期，它是表征交流电变化快慢的参数，周期越长交流电变化越慢。

周期的符号用字母 T 表示，单位是 s（秒）。

(2) 频率

正弦交流电在1s内完成循环变化的周数叫**频率**。频率也是表征交流电变化快慢的参数，频率越低，变化越慢。频率用字母 f 表示，单位是 Hz（赫兹），在技术上，赫兹的单位较小，常用的有 kHz（千赫）、MHz（兆赫兹），它们的关系是

$$1\text{kHz} = 1000\text{Hz} = 10^3\text{Hz}$$
$$1\text{MHz} = 10^6\text{Hz}$$

表示频率的波形如图 4.7(b) 所示。在该图中，交流电在 1s 内完成了 3 个周期，频率为 3Hz。

从周期和频率的定义可以看出，它们之间互为倒数关系，即

$$f = \frac{1}{T} \text{ 或 } T = \frac{1}{f} \tag{4.5}$$

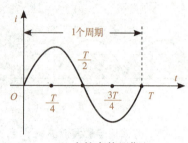

(a) 交流电的周期

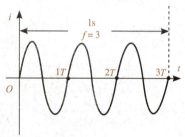

(b) 交流电的频率

图 4.7　周期和频率波形

(3) 角频率

用电磁关系来计算交流电变化的角度叫**电角度**，它实质上是发电机线圈在磁场中旋转的角度。正弦交流电在 1s 内经过的电角度叫做该交流电的**角频率**，它就是单位时间电角度的变化量，用字母 ω 表示，单位是 rad/s（弧度每秒）。根据角频率的定义，可得

$$\omega = 2\pi f = \frac{2\pi}{T} \tag{4.6}$$

在我国的供电制式中，正弦交流电的频率为 50Hz，周期是 0.02s，角频率为 100π rad/s 或 314rad/s。

3. 相位、初相位与相位差

(1) 相位

交流电随时间的变化遵循正弦函数的规律，它在不同时刻有不同的大小、方向和变化趋势，所以交流电在不同时刻有不同的状态。交流电

> **特别提示**：正弦量（正弦电流、电动势、电压）在变化过程中所经历的角度称为**电角度**，用希腊字母 α 表示，它与角频率的关系是 $\alpha = \omega t$（t 是时间，单位为s），如一个线圈在一对磁极的发电机中旋转，其感应电流为
>
> $$i = I_m\sin(\alpha + \varphi_0) = I_m\sin(\omega t + \varphi_0)$$
>
> 式中，$(\omega t + \varphi_0)$——相位角。

在某一时刻的状态（包括大小、方向、变化趋势等）叫做交流电在该时刻的**相位**，如图4.8中，在ωt_1时刻，i_1和i_2都有它自己对应的相位。

交流电相位用符号$(\omega t + \varphi_0)$表示，单位是"°"（度）或rad（弧度）。

如图4.8中，电流i_1和i_2的表达式分别为

$$i_1 = I_{1m}\sin\omega t$$

$$i_2 = I_{2m}\sin(\omega t + \varphi_0)$$

式中，i_1的相位是ωt；i_2的相位是

$$\omega t + \varphi_0 = \omega t + \frac{\pi}{3}$$

(2) 初相位

正弦交流电在起始时刻（即$t=0$的时刻）所处的状态叫该正弦交流电的**初相位**。如上式中i_1的初相位是0，i_2的初相位是$\varphi_0 = \frac{\pi}{3}$。初相位一般用不大于180°的角度来表示，它的取值既可为正，又可为负。

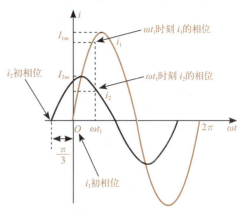

图4.8 交流电的初相位和相位

(3) 相位差

两个同频率正弦交流电在某一时刻相位之差叫做这两个正弦交流电的**相位差**，用$\Delta\varphi$表示。在计算上有

$$\Delta\varphi = (\omega t - \varphi_1) - (\omega t - \varphi_2) = \varphi_2 - \varphi_1 \qquad (4.7)$$

从式（4.7）可以看出，两个同频率交流电的相位差，实际上就是两个交流电初相位之差。由于一个交流电比另一个交流电先到达最大值或零值，先到达的叫超前，后到达的叫滞后。在图4.8中，i_2超前于i_1，或者说i_1滞后于i_2。如果两个交流电初相位相等，且同时达到最大值和零值，叫做这两个交流电同相位，简称同相，如图4.9(a)所示。如果一个交流电到达正最大值时，另一个同一时间到达负最大值，则它们的相位差为180°，叫做这两个交流电相位相反，简称反相，如图4.9(b)所示。

4. 交流电的三要素

从上面对正弦交流电的表达式、波形图及有关参数的分析可以看出，如果已知交流电的最大值，就知道了这个正弦量变化的最大范围，而周期、频率和角频率反映了交流电变化的快慢，初相位又能反映交流电的起始状态，所以一旦它的**最大值**、**频率**（角频率或周期中任一项）及**初相位**三个条件确定，即可明确表

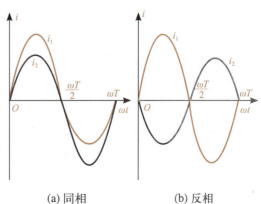

(a) 同相　　　　　(b) 反相

图4.9 两个交流电的同相和反相

示出交流电在某时刻的完整状态,从而确定它的大小、方向、变化快慢与趋势等。所以,**最大值**、**初相位**、**频率**(或角频率、周期)称为正弦交流电的三要素。

【例4.1】 已知正弦交流电流 $i_1=220\sqrt{2}\sin(100\pi t+60°)$ A,$i_2=100\sqrt{2}\sin(100\pi t-30°)$ A,试计算:

1) 两个电流的最大值和有效值;

2) 周期、频率;

3) 相位、初相位与相位差;

4) 画出这两个交流电的波形图。

解:根据已知,有

1) i_1 的最大值为 $220\sqrt{2}$ A ≈ 311A,有效值为220A;

   i_2 的最大值为 $100\sqrt{2}$ A ≈ 142A,有效值为100A。

2) 频率:

$$f=\frac{\omega}{2\pi}=\frac{100\pi}{2\pi}=50\text{ (Hz)}$$

周期:

$$T=\frac{1}{f}=\frac{1}{50}=0.02\text{ (s)}$$

3) 相位:

$$\alpha_1=100\pi t+60°$$
$$\alpha_2=100\pi t-30°$$

初相位:

$$\varphi_1=60°,\varphi_2=-30°$$

相位差:

$$\varphi_2-\varphi_1=60°-(-30°)=90°$$

4) 两个电流的波形图如图4.10所示。

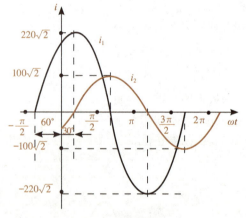

图4.10 例4.1波形图

动脑筋

1. 在生活中,你见过哪些地方用了直流电?哪些地方用了交流电?

2. 为什么最大值、频率与初相位被列为正弦交流电的三要素?

4.2 正弦交流电的表示法

我们已经知道可以用解析法（公式法）、图像法来表示交流电，但要计算两个及以上交流电的和与差时，使用这两种方法都非常困难。于是，人们在科学实验中探索出了旋转矢量法，它不仅可以形象地描述正弦交流电，还在计算两个及以上交流电的和与差时显得尤为方便。

我们常用的正弦交流电的表示方法有三种，每一种表示法都能反映出正弦交流电的三要素，即最大值、频率（或角频率，或周期）与初相位。解析法和图像法在上一节里我们研究过，在这里只进行简单介绍，重点是探究旋转矢量法。

4.2.1 解析法

利用正弦函数式表示正弦交流电变化规律的方法叫**解析法**，也叫**公式法**。我们知道正弦函数表示的交流电流为

$$i = I_m \sin(\omega t - \varphi_0)$$

按此规律，可将正弦电流、正弦电动势、正弦电压的解析式归纳为

$$\left. \begin{array}{l} i = I_m \sin(\omega t - \varphi_0) \\ e = E_m \sin(\omega t - \varphi_0) \\ u = U_m \sin(\omega t - \varphi_0) \end{array} \right\} \qquad (4.8)$$

在上面的表达式中，正弦交流电的三要素俱全，其中 I_m、E_m、U_m 分别是正弦电流、电动势和电压的最大值，ω 是它们的角频率，φ_0 为初相位，所以可用这些解析式计算它们在任意时刻的瞬时值及其他相关参数。

4.2.2 图像法

图像法又叫波形图法，在4.1节中我们也研究过，在这里主要说明波形图是怎样表示正弦交流电的三要素的。

图像法是在平面直角坐标系中，以时间 t 或电角度 ωt 为横坐标，将与之对应的交流电流 i、交变电动势 e 和交流电压 u 三个量的瞬时值作为

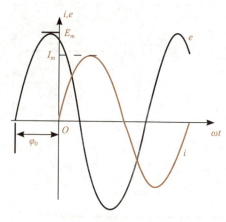

图4.11 正弦交流电图像法

纵坐标,按照这几个正弦量随时间变化的规律,画出的正弦曲线,也就是正弦交流电随时间变化的波形来表示的交流电,这就是交流电的图像法表示。图4.11是在一个坐标系中同时表示 i 和 e 的变化规律的曲线。

从图4.11中可以看出,这个交流电流、电动势的最大值分别是 I_m、E_m,角频率是 ω(周期为 T),e 的初相位是 φ_0,i 的初相位为零,三个要素齐全,所以可从该曲线上看出该交流电在各个时刻的状态,即变化规律。

4.2.3 旋转矢量法

正弦交流电的旋转矢量表示法如图4.12所示,在平面直角坐标系内,以坐标原点为起点作一有向线段为旋转矢量。该旋转矢量的长度表示正弦量的最大值(I_m、E_m、

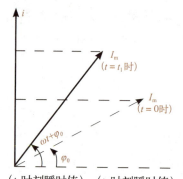

(t_1 时刻瞬时值)、(t_0 时刻瞬时值)

图4.12 正弦交流电的旋转矢量表示法

U_m),它的角速度表示正弦量的角频率 ω,任意时刻该线段与横轴的夹角($\omega t+\varphi_0$)为该交流电的相位角,该有向线段任意时刻在纵轴上的投影即为该正弦量的瞬时值,如在 $t=0$ 的初始时刻,$i=I_m\sin\varphi_0$;$t=t_1$ 时刻,$i=I_m\sin(\omega t+\varphi_0)$。

正弦交流电的旋转矢量图和波形图的对应关系如图4.13所示,根据解析式可以作出波形图或旋转矢量图。在该图中,旋转矢量从 OA(初相

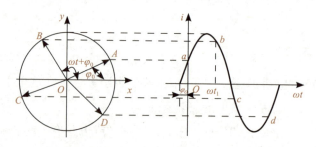

图4.13 正弦交流电的旋转矢量图与波形图的对应关系

位为 φ_0）出发，在逆时针方向经过 B、C、D 再回到 A 旋转一周，与波形图上的 a、b、c、d 各点一一对应。它的初始位置与横坐标的夹角 φ_0 也与波形图上的 φ_0 互相对应。并且规定，旋转矢量逆时针方向旋转角度为正值，顺时针方向旋转角度为负值。

> **特别提示**：用旋转矢量法分析计算正弦交流电的条件必须是同频率的交流电才能使用。如果几个同频率正弦量的旋转矢量画在同一坐标系中时，因为它们频率相同，所以沿逆时针方向旋转的角度相等，则各正弦量之间的相对位置（即相位差）是不变的，相当于几个旋转矢量之间处于相对静止。所以，在研究矢量之间的关系时，一般只按初相位角作矢量图，不必标出它的角频率。

【例 4.2】 已知正弦交流电流 $i_1 = 220\sqrt{2}\sin(100\pi t + 60°)$ A，$i_2 = 100\sqrt{2}\sin(100\pi t - 30°)$ A，试画出：1) i_1、i_2 的波形图；2) i_1、i_2 的矢量图。

解：1) 已知 i_1、i_2 的解析式，可以画出它们的波形图，如图 4.14 所示。

2) 根据解析式作出 i_1、i_2 的矢量图，如图 4.15 所示。

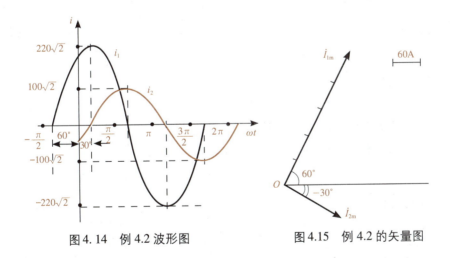

图 4.14　例 4.2 波形图　　　图 4.15　例 4.2 的矢量图

答：从本例中可以看出，正弦交流电的解析式、波形图和矢量图不仅均能表示正弦量的三要素，还可以互相转换。

单元 4　单相正弦交流电路

知识窗　关于矢量及其加减运算

所谓"矢",源于古时作战时用的弓箭箭头。箭的射出,是有明确方向的,所以在科学上就把既有大小又有方向的量称为**矢量**,如物理学中的速度、力等。矢量的加减运算遵循"平行四边形法则"。如图4.16中,已知两个矢量的大小和方向,如力为 F_1 和 F_2,则它们的合力 F 就等于以 F_1 和 F_2 为邻边所作平行四边形的对角线。如果要求 F_1 与 F_2 的差,则在 F_2 的反向作与 F_2 等长的矢量 $-F_2$,再求 F_1 与 $-F_2$ 之和即为 F_1 与 F_2 之差。可见,用矢量进行加减法运算是很简单的。

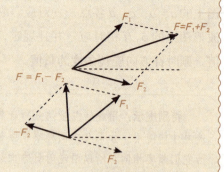

图4.16　矢量的加减运算

计算正弦交流电矢量和与差的五个步骤:

第一步,确定作图基准线,即用虚线在水平方向作出 x 轴。

第二步,确定计量正弦量大小的长度单位,如图4.15中1cm的长度表示电压为60V。

第三步,从坐标原点 O 出发,有几个正弦量就画出几条有向线段。它们与基准线 Ox 的夹角分别为各自的初相位,逆时针方向角度为正,顺时针方向的角度为负,有向线段的长度根据最大值的数值,有几个单位长,就用几倍单位长度表示该正弦量最大值,最后在末端画上箭头。

第四步,对图中的正弦量用平行四边形法则进行加减运算,图4.16中画出了力 F_1 和 F_2,并用平行四边形法则求它们的矢量和。

第五步,代入数据,计算出和矢量的大小和相位,写出和矢量的瞬时值表达式。

动脑筋

1. 在正弦交流电的三种表示法中,计算两个正弦量的和与差时,哪种表示法最方便,为什么?
2. 你是怎样从旋转矢量上看出正弦量的三要素的?
3. 请叙述用平行四边形法则求矢量和与矢量差的操作步骤和方法。

哦,解析法、图像法和旋转矢量法就是正弦交流电的常用表示法啊!

4.3 单一参数交流电路

按照人们对事物由浅入深的认识规律,在交流电路的探究中,我们先从只有一个参数的交流电路,即单一参数交流电路——纯电阻电路、纯电感电路和纯电容电路,开始认识交流电路。

单一参数电路又叫纯电路。这里说的单一参数,在实际电路中严格说来是不存在的,只是在某一元件上,某个参数占了绝对优势,而其他参数与之相比,可以忽略。

4.3.1 纯电阻电路

在日常生活中,我们所接触的白炽灯泡、电烙铁、电熨斗等的发热元件都是由高电阻材料(镍铬丝等)制成的。在它们的电气参数中,电阻值大,其他参数如电感、电容则小到可以忽略,所以可以将它们的电路视为纯电阻电路进行讨论,如图4.17所示。

(a) 纯电阻电器——电熨斗

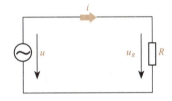
(b) 电路

图4.17 纯电阻电路

1. 纯电阻电路电流、电压间的关系

为了了解纯电阻电路交流电流与电压的关系,我们先做一个小实验。

小实验 纯电阻电路电流、电压间的数量关系观察

我们用图4.18所示实验电路。在该实验电路中,交流电流表与电阻串联,交流电压表与电阻并联。由信号发生器向电路提供超低频交流电压和交流电流。

开启信号发生器电源开关,使它向电路提供5～10Hz的交流信号。

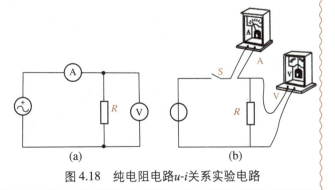

图4.18 纯电阻电路u-i关系实验电路

当提高信号发生器输出电压时，我们可以看出，电压表读数升高，电流表读数亦同步且成比例地升高。调低信号频率，重做上面的实验，结论相同，即在纯电阻电路中，电流与电压成正比。因为它们变化同步，所以电流电压相位相同，即它的有效值、最大值、瞬时值均满足欧姆定律：

$$\left.\begin{aligned} I &= \frac{U}{R} \\ I_m &= \frac{U_m}{R} \\ i &= \frac{u}{R} \end{aligned}\right\} \quad (4.9)$$

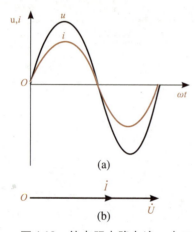

图 4.19 纯电阻电路电流－电压波形和矢量图

从上面的实验看出，该电路中，电流电压同相，则它们的相位差为

$$\varphi = \varphi_{Ou} - \varphi_{Oi} = 0$$

设流过电阻的交流电流瞬时值表达式为

$$i_R = I_m \sin \omega t \quad (4.10)$$

由于二者同相，则电压瞬时值表达式为

$$u_R = U_m \sin \omega t \quad (4.11)$$

根据式（4.10）和式（4.11）可画出纯电阻电路电压－电流波形图和矢量图，如图 4.19 所示。

2. 纯电阻电路的功率

以电烙铁为例，当交流电流通过烙铁心的电阻丝时会发热，这就是电流通过电阻丝做功，在电阻上必然消耗电能。

因为交流电的电流、电压随时间不断变化，所以电阻上的功率也是不断变化的，不同时刻，功率的大小不同。我们把某一时刻电阻上消耗的功率叫**瞬时功率**，它与直流电路功率（$P = IU$）有相同的规律，等于某时刻电流瞬时值与电压瞬时值之积，即

$$p = iu \quad (4.12)$$

由于交流瞬时功率随时间不断变化，难以计算，我们引入了平均功率的概念。所谓平均功率，就是交流电变化一个周期在电阻上消耗功率的平均值。理论和实践证明，在纯电阻电路上交流电的平均功率为电压有效值与电流有效值之积，即

$$P = IU$$
$$P = I^2 R = \frac{U^2}{R} \quad (4.13)$$

可以看出，用有效值计算纯电阻电路的平均功率满足直流功率的运算关系。

> **关键与要点** 纯电阻电路的特点
>
> 1. 电流电压在数量关系上，有效值、最大值、瞬时值均满足欧姆定律。
> 2. 电流、电压同相位，两者间相位差为0。
> 3. 电阻是耗能元件，电阻上所耗功率满足直流功率运算关系，且全部为有功功率。

4.3.2 纯电感电路

当电感元件串入交流电路时，因为它的电感量远大于自身的电阻和电容，电感在电路中起决定作用，所以在忽略电阻、电容后，将它视为纯电感电路，如图4.20所示。

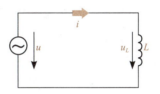

图4.20 纯电感电路

1. 纯电感电路电流与电压间的数量关系

我们先做一个仿真实验来帮助理解纯电感电路电流与电压的数量关系。

> **仿真实验** 纯电感电路电流与电压之间的数量关系
>
> 用EWB仿真软件搭接如图4.21所示纯电感电路的仿真实验电路。用交流电源向纯电感电路提供交流电压信号，用交流电流表检测电路中的电流，用交流电压表检测电感器的端电压。
>
> 实验操作：
>
> 1) 设置电感器的电感量为31.4mH，让交流电源为实验电路提供10V、50Hz的交流信号，接通仿真电源，合上开关S。把电流表与电压表的读数以及计算得出的X_L填入表4.2中。改变交流电源的电压值，重复上述操作。
>
> 2) 保持电感器的电感量31.4mH与交流电源的电压值10V不变，改变电源的频率，将相关的实验数据填入表4.3。

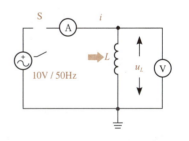

图4.21 纯电感实验电路原理图

视频：纯电感电路电流与电压数量关系仿真实验

视频：纯电感电路阻抗与频率关系仿真实验

表4.2 电流与电压数量关系表实验数据表

U_L/V	I/A	$X_L=\dfrac{U_L}{I}$/Ω
10	1	10
100	10	10

表4.3 阻抗与频率关系实验数据表

f/Hz	U_L/V	I/A	$X_L=\dfrac{U_L}{I}$/Ω
50	10	1	10
500	10	0.1	100

3) 保持50Hz、10V交流电源的电压信号不变，改变电感器的电感量，将相关的实验数据填入表4.4。

表4.4 阻抗与电感量关系实验数据表

L / mH	U_L / V	I / A	$X_L = \dfrac{U_L}{I}$ / Ω
31.4	10	1	10
314	10	0.1	100

视频：纯电感电路阻抗与电感量关系仿真实验

由仿真实验的三组实验数据表可以看出纯电感电路具有如下的规律：

1) 电感器对交流电路中的电流具有阻碍作用。

电感器对交流电路中的电流的阻碍作用称为**感抗**，用符号 X_L 表示。由实验可知，感抗与交流电源的频率成正比（表4.3），与电感器的电感量成正比（表4.4）。感抗的计算公式为

$$X_L = 2\pi f L = \omega L \tag{4.14}$$

式中，f——电源频率，Hz；

L——电感器的电感量，H；

ω——角频率，rad/s。

2) 纯电感电路的电压与电流的有效值、最大值都满足欧姆定律。

由实验数据表可得出

$$X_L = \dfrac{U_L}{I} = \dfrac{\sqrt{2}\,U_L}{\sqrt{2}\,I} = \dfrac{U_{Lm}}{I_m} \tag{4.15}$$

由式（4.15）可知，电压与电流的有效值、最大值都满足欧姆定律。

2. 纯电感电路电压与电流间的相位关系

下面通过仿真实验来探索纯电感电路电压与电流之间的相位关系。

以电流为参考量，设电流的初相为零，则电流与电压的瞬时值表达式为

> **仿真实验** 纯电感电路电压与电流之间的相位关系

用 EWB 仿真软件搭接如图4.22所示纯电感仿真实验电路。用交流电源向电路提供 50Hz、10V 的交流电压信号，在交流电路中串入一个阻值很小的电阻取样电路中的电流，用示波器 A 通道检测交流电路总电压的波形，用 B 通道检测电阻两端电压的波形。

本次仿真实验需要特别注意以下两点：

1. 电流相位取样方法

在交流电路中串入一个阻值很小的电阻取样电路中的电流，由于电阻的阻值很小，它的存在不会影响电路的纯电感特性，又由于电阻端电压与流过的电流同相位，因此电路总电压与电阻端

电压之间的相位关系就代表了纯电感电路中电压与电流的相位关系。

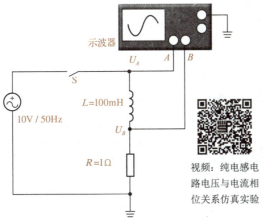

图 4.22 纯电感电压与电流相位关系仿真实验

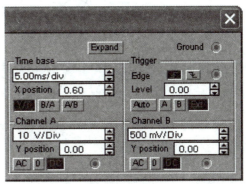

图 4.23 示波器控制面板图

2. 相位差的计算方法

如果一个周期占 n 格，相位差占 m 格，则相位差 φ 为

$$\varphi = m \times \frac{360°}{n}$$

特别提示：取样电阻 R 的阻值必须足够小，否则会影响电路的纯电感特性。

实验操作：

接通仿真电源，合上开关 S，调节示波器的控制面板相关控件，使 A、B 通道的波形便于观察，如图 4.23 所示。示波器检测的电压与电流相位关系波形图如图 4.24 所示。

实验现象：示波器显示，电流、电压波形一个周期为 4 格，电压超前于电流一格，由相位差的计算公式得出相位差 $\varphi = 90°$。

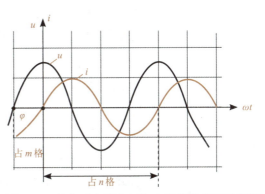

图 4.24 纯电感电路电压与电流相位关系波形图

实验结论：纯电感电路电压超前于电流 90° 相位角。

$$\left. \begin{array}{l} i = I_m \sin\omega t \\ u_L = U_{Lm}\sin(\omega t + \frac{\pi}{2}) \end{array} \right\} \quad (4.16)$$

根据实验和解析式，可以画出纯电感电路电流与电压相位关系的波形图与矢量图，如图 4.25 所示。

特别提示：由纯电感电路电压与电流相位关系的波形图可以看出，电压与电流的瞬时值不满足欧姆定律。

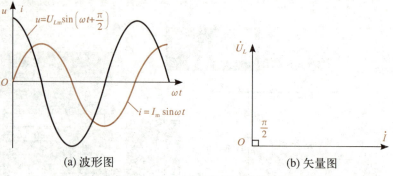

(a) 波形图   (b) 矢量图

图 4.25　纯电感电路电压与电流相位关系的波形图与矢量图

3. 纯电感电路的功率

在电感线圈上，因为电流 i，电压 u 随时间不断变化，所以功率也是不断变化的，这个功率也叫**瞬时功率**，它等于电流瞬时值与电压瞬时值之积，即

$$p_L = iu = I_L U_L \sin 2\omega t \tag{4.17}$$

从式（4.17）可以看出，纯电感电路瞬时功率仍然按照正弦规律变化，但它的变化频率提高到了原来的2倍。理论研究证明，在交流电的一个周期内，电感线圈两次向电源吸取能量，又两次将这些能量释放给电源，完成电源能与线圈磁场能的两次交换，纯电感线圈本身并不消耗能量，所以它的有功功率为零。

电感线圈虽然不消耗能量，但将电源能与磁场能进行反复交换的过程中，要占据一定的能量，而且这部分能量是不能用来做有用功的。为了表述电感线圈随时间在电源与线圈之间进行交换的能量大小，我们引入了无功功率的概念。

无功功率指在数值上等于加在电感线圈两端电压有效值 U_L 与线圈中的电流有效值 I_L 之积，即

$$Q = U_L I_L \tag{4.18a}$$

或

$$Q = I_L^2 X_L = \frac{U_L^2}{X_L} \tag{4.18b}$$

式中，Q——无功功率，单位为 var（乏）。

> **注意**：这里的无功功率是相对有功功率而言的，它是指电感在交流电路中，不"消耗"功率，但必须占用功率，供电感与电源之间的能量转换。

关键与要点 纯电感电路的特点

1. 电流、电压在数值上，只有有效值、最大值遵从欧姆定律，瞬时值不遵从欧姆定律。

2. 电流、电压为同频率交流电，在相位上电压超前于电流 $\frac{\pi}{2}$。

3. 电感线圈不消耗有功功率，只占用无功功率，所以它不是耗能元件而是储能元件。它的无功功率等于电流有效值与电压有效值之积。

4.3.3 纯电容电路

当电路中电容器的电容起绝对作用，而电阻、电感的影响可忽略不计时，这种电路叫做**纯电容电路**，如图4.26所示。

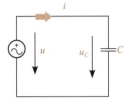

图4.26 纯电容电路原理图

1. 纯电容电路电流与电压间的数量关系

仿真实验 纯电容电路电流与电压之间的数量关系

用EWB仿真软件搭接如图4.27所示纯电感电路的仿真实验电路。用交流电源向仿真实验电路提供交流电压信号，用交流电流表检测电路中的电流；用交流电压表检测电容器的端电压。

实验操作：

1) 设置电容器的电容量为 31.4 μF，让交流电源为实验电路提供 10V、50Hz 的交流信号，接通仿真电源，合上开关 S。把电流表与电压表的读数，以及计算得出的 X_C 填入表 4.5。改变交流电源的电压值，重复上述操作。

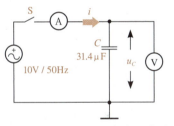

图4.27 纯电容仿真实验电路图

特别提示：取样电阻的阻值必须足够小，否则会影响电路的纯电容特性。本实验采用 C = 31.4 μF、R = 1Ω 的实验参数主要是为了使实验数据接近整数，使电阻端电压与电路中电流在数值上相等。

2) 保持实验图中电容器的电容量与交流电源的电压的值不变，改变电源的频率，将相关的实验数据填入表 4.6。

视频：纯电容电路电流与电压数量关系仿真实验

表4.5 电流与电压数量关系实验数据

U_C/V	I/A	$X_C = \frac{U_C}{I}$/Ω
10	0.1	100
100	1	100

表4.6 容抗与频率关系实验数据

f/Hz	U_C/V	I/A	$X_C = \frac{U_C}{I}$/Ω
50	10	0.1	100
500	10	1	10

视频：纯电容电路容抗与频率关系仿真实验

3) 保持电源50Hz、10V的电压信号不变，改变电容器的电容量，将相关的实验数据填入表4.7。

表4.7　容抗与电容量关系实验数据

$C/\mu F$	U_C/V	I/A	$X_C = \dfrac{U_C}{I}/\Omega$
31.4	10	0.1	100
314	10	1	10

视频：纯电容电路容抗与电容量关系仿真实验

由仿真实验的三个实验数据表可以看出纯电容电路具有如下的规律：

1) 电容器对交流电路中的电流具有阻碍作用。电容器对交流电路中的电流的阻碍作用称为**容抗**，用符号X_C表示，由实验数据表分析可知，容抗与交流电源的频率成反比，与电容器的电容量成反比。容抗的计算公式为

$$X_C = \frac{1}{\omega C} = \frac{1}{2\pi f C} \tag{4.19}$$

式中，f——电源频率，Hz；

C——电容器的电容量，F；

ω——角频率，rad/s。

> **关键与要点** 纯电容电路的特点之一
>
> 1. 当$f=0$，电源为直流电源时，$X_C = \dfrac{1}{2\pi f C} = \infty$，即电容器对于直流电源而言相当于开路状态，这就是电容器的"隔直作用"。
>
> 2. 当$f \to \infty$，电源为高频电源时，$X_C = \dfrac{1}{2\pi f C} \to 0$，即电容器对于高频电源而言相当于短路状态，这就是电容器的"通交作用"。

2) 电压与电流的有效值、最大值都满足欧姆定律。由实验数据分析得出：

$$X_C = \frac{U_C}{I} = \frac{\sqrt{2}\,U_C}{\sqrt{2}\,I} = \frac{U_{Cm}}{I_m} \tag{4.20}$$

由式（4.20）可知，电压与电流的有效值、最大值都满足欧姆定律。

2. 纯电容电路电压与电流间的相位关系

下面通过仿真实验来探索纯电容电路电压与电流之间的相位关系。

4.3 单一参数交流电路

仿真实验 纯电容电路电压与电流之间的相位关系

用 EWB 仿真软件搭接如图 4.28 所示纯电容交流电路仿真实验电路。用交流电源向电路提供 50Hz、10V 的交流电压信号，在交流电路中串入一个阻值很小的电阻取样电路中的电流。用示波器 A 通道检测交流电路总电压的波形，用 B 通道检测电阻两端电压的波形。

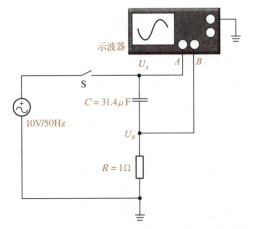

实验操作：接通仿真电源，合上开关 S，调节示波器的控制面板相关控件，使 A、B 通道的波形便于观察，示波器显示电压与电流相位关系波形图如图 4.29 所示。

图 4.28 纯电容电路电压与电流相位关系仿真实验

实验现象：示波器显示，电流、电压波形一个周期为 4 格，电压滞后于电流一格，由相位差的计算公式得出相位差 $\varphi = 90°$。

实验结论：纯电容电路电压滞后于电流 90° 相位角。

视频：纯电容电路电压与电流相位关系仿真实验

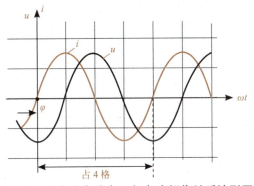

特别提示：取样电阻的阻值必须足够小，否则会影响电路的纯电容特性。本实验采用 $C = 31.4\mu F$、$R = 1\Omega$ 的实验参数主要是为了使数据接近整数，使电阻端电压与电路中电流在数值上相等。

图 4.29 纯电容电路电压与电流相位关系波形图

以电压为参考量，设加在电容器两端的交流电压初相为零，则电压、电流的瞬时值表达式为

$$\left. \begin{aligned} u_C &= U_{Cm}\sin\omega t \\ i &= I_m\sin\left(\omega t + \frac{\pi}{2}\right) \end{aligned} \right\} \quad (4.21)$$

根据实验波形图和解析式，可以画出纯电容电路如图 4.30 所示的电流与电压相位关系的波形图与矢量图。

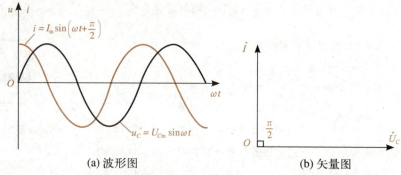

(a) 波形图　　　　　　　　(b) 矢量图

图4.30　纯电容电路电压与电流相位关系波形图与矢量图

由电压与电流相位关系波形图可知，纯电容电路电压与电流的瞬时值不满足欧姆定律。

3. 纯电容电路的功率

与纯电感电路类似，纯电容电路的瞬时功率也等于电流瞬时值与电压瞬时之积，即

$$p_C = i u_C = U_C I \sin 2\omega t \tag{4.22}$$

可以看出，纯电容电路的瞬时功率仍然是按正弦规律变化的，它的最大值为 $U_C I$，频率为电源频率的2倍。在电源电流或电压变化的一个周期内，电容器两次向电源吸收能量给极板充电，将电源能转换为电场能储存在两极板中，又两次对电源放电，将电容器储存的电场能释放回电源。与纯电感电路一样，在电容器这种充放电过程中，只有能量的互相交换，而无能量消耗，所以电容器也是储能元件，而不是耗能元件，与电感线圈不同的是，电感线圈储存的是磁场能，而电容器储存的是电场能。

电容器在充放电过程中不消耗有功功率，只占用无功功率，它的无功功率等于电流有效值与电压有效值之积，即

$$Q_C = U_C I \tag{4.23}$$

或

$$Q_C = I^2 X_C = \frac{U_C^2}{X_C} \tag{4.24}$$

> **关键与要点**　纯电容电路的特点之二
>
> 1. 电流与电压的数量关系，只有有效值和最大值满足欧姆定律，瞬时值不满足欧姆定律。
>
> 2. 电流、电压为同频率正弦量，且电压滞后于电流 $\frac{\pi}{2}$。
>
> 3. 不消耗有功功率，无功功率等于电流有效值与电压有效值之积，瞬时功率频率为电源频率的2倍。

4.3 单一参数交流电路

表4.8 单一参数交流电路相关物理量的关系特点

电路类型	关系特点						
	电流电压数量关系	电流电压相位关系	阻抗与频率的关系	满足欧姆定律参数	有功功率	无功功率	阻碍电流的参数及其作用
纯电阻电路	$u = iR$ $U = IR$ $U_m = I_m R$	I、U同相位	R与f无关	最大值、有效值、瞬时值	$P = IU$	$Q = 0$	R既阻直，又阻交
纯电感电路	$u_L \neq iX_L$ $U_{Lm} = I_m X_L$ $U_L = IX_L$	u超前于i，$\dfrac{\pi}{2}$	$X_L = 2\pi f L$	最大值、有效值	$P = 0$	$Q_L = I^2 X_L$	L通直（短路）、阻交
纯电容电路	$u_C \neq iX_C$ $U_{Cm} = I_m X_C$ $U_C = IX_C$	u滞后于i，$\dfrac{\pi}{2}$	$X_C = \dfrac{1}{2\pi f C}$	最大值、有效值	$P = 0$	$Q_C = I^2 X_C$	C隔直（开路）、阻交

动脑筋

1. 无论是R、L或C，确定它们之一为纯电路的条件是什么？

2. 如果以电流为基准，在三个单一参数交流电路中，电压与电流各存在什么关系？

3. 交流电的频率与电阻R、感抗X_L和容抗X_C之间各有什么关系？

4. 简述纯电感电路中电流瞬时值与电压瞬时值之间不满足欧姆定律的原理。

5. 有功功率与无功功率有什么不同？

单一参数电路在实际电路中是不存在的。

实践活动：用信号发生器、示波器和毫伏表测量交流电

电工测量的任务是借助各种电工仪器、仪表，对电气设备或电路的相关物理量进行测量，以便了解和掌握电气设备的特性和运行情况，检查电气元器件的质量好坏。

活动一：了解信号发生器、示波器和毫伏表及其使用方法

一、信号发生器的使用方法

本活动所用 YL-238 型函数信号发生器能产生 0.6Hz～1MHz 的正弦波、方波、三角波、脉冲波、锯齿波，具有直流电平调节、占空比调节，其频率、幅值可用数字直接显示。图4.31所示为该信号发生器面板。

图4.31　YL-238型函数信号发生器面板

具体使用方法如下：

1) 将电源开关"POWER"置于断开状态，"直流偏移调节"旋钮置于"0"位，"占空比调节"逆时针旋到底，"幅度调节"旋钮逆时针旋到底，"功能切换"的各按钮处于弹起位置。正确连接电源连接线和测试探头 (插接在波形输出插孔)，开启电源开关。

2) 在"频率分挡开关"中选择所需挡位，并观察面板左上角所显示的频率及单位（kHz或MHz）。调节"频率微调"旋钮到所需的频率，使电子屏上显示1.5Hz、50Hz、465Hz、1650Hz、465kHz。

3) 操作"幅度调节"旋钮，并观察面板中间电子屏所显示的信号幅度（显示峰峰值）。如幅度过大，按下"衰减器"按钮，观察其幅度变化情况。

4) 需要输出脉冲波时，拉出"占空比调节"旋钮，调节占空比可获得稳定清晰的波形。

实践活动：用信号发生器、示波器和毫伏表测量交流电

5）需要直流电平时，拉出"直流偏移调节"旋钮，调节直流电平偏移至需要设置的电平值，其他状态时按入"直流偏移调节"旋钮，直流电平将为零。

6）按下"测外频"按钮，再按下"1MHz"或"25MHz"按钮，即可测量外界输入信号频率。

二、毫伏表的使用方法

毫伏表用来测量交流电压的有效值，其特点是测量范围大、精度高。图4.32所示为YB2172F智能数字交流毫伏表面板。

YB2172F智能数字交流毫伏表可以测量多种波形电压的有效值，测量频率范围为10Hz～2MHz，电压范围为100μV～300V，电压值在左侧显示屏显示，电压增益在右侧显示屏显示。

图4.32　YB2172F智能数字交流毫伏表面板

具体操作方法：

1）操作面板使电源开关处于断开状态，将测试探头插接在输入插孔。

2）将输入测试探头上的红色、黑色鳄鱼夹与被测电路并联（红色鳄鱼夹接被测电路的高电位端，黑鳄鱼夹接地端）。

3）将信号发生器的"波形输出"插孔所连接的测试探头与毫伏表的测试探头相连接，红色鳄鱼夹连接红色鳄鱼夹，黑色鳄鱼夹连接黑色鳄鱼夹。

4）调节信号发生器面板上的幅度旋钮，使其幅度最小，接通220V电源，电源指示灯亮，仪器开始工作。

5）调节信号发生器，使毫伏表面板上显示所测电压值，再准确读数。

三、示波器使用方法

示波器能直观显示各种信号的波形，测量信号幅度、频率、相位差等，是一种常用的电子电工测量仪器。本活动采用GOS-620型示波器，它是一种频宽（0Hz～20MHz）可携带式双踪示波器，其外形如图4.33所示。

1.测量前的准备工作

示波器接通电源之前，使各开关、旋钮、按钮处于表4.9所示要求状态。

图4.33　GOS-620型示波器前面板

表4.9　各控件位置

项目	设定	项目	设定
POWER（电源）	OFF状态	AC-GND-DC（输入信号耦合方式）	GND
INTEN（亮度）	中央位置	SOURCE（触发源选择）	CH1
FOCUS（聚焦）	中央位置	SLOPE（触发斜率选择）	弹起（+斜率）
VERTICAL MODE（垂直选择方式）	CH1	TRIG. ALT（触发源交替模式）	弹起
ALT／CHOP（交替／切割显示）	弹起（ALT）	TRIGGER MODE（触发模式选择）	AUTO（自动）
CH2 INV（反相）	弹起	TIME／DIV（扫描时间选择）	0.5ms／DIV
POSITION-V（上下位移）	中央位置	SWP. VAR（扫描时间可变控制）	顺时针到底CAL位置
VOLTS／DIV（垂直幅度衰减）	1V／DIV	POSITION-H（水平位移）	中央位置
VARIABLE（幅度微调）	顺时针转到底CAL位置	×10 MAG（水平扩展）	凸起

2. 示波器校准

1) 按下电源开关，电源指示灯亮，约20s后，示波器屏幕上会显示光迹。若无光迹，顺旋亮度、聚焦旋钮到光迹亮度适当，使其显示最清晰。

2) 调 TRACE ROTATION，将扫描线调到与水平中心刻度线平行。

3) 将探极连接到CH1插孔，探头连接在CAL（$2V_{P-P}$）（此信号为示波器自身提供的1kHz、$2V_{P-P}$校准矩形波）上，输入耦合置于AC位。

4) 调"LEVEL"（水平）旋钮使方波形到达最清晰、稳定；再调"POSITION-V"和"POSITION-H"旋钮，使波形对准刻度线，再分别调节"SWP. VAR"和"VARIABLE"旋钮，使方波在水平方向一周期占2格，垂直方向幅度总占2格。此时，示波器屏上显示的矩形波为1kHz、$2V_{P-P}$（V_{P-P}指交流电压峰峰值，即正最大值与负最大值之间的幅度）。若不为方波，调节探极上的微调器，使波形为方波。另需检查探极上10∶1开关，置于×1位置，在使用×10时，测出幅值将增大10倍。

5）CH2 单通道操作与 CH1 类似校准，只是"VERTICAL MODE"置于"CH2"位置，"SOURCE"置于"CH2"位置。

6）双通道操作。将"VERTICAL MODE"置于双踪"DUAL"位置，"SOURCE"置于"CH1"位置，按下"TRIG. ALT"，CH1 和 CH2 两根探极均连接在"CAL($2V_{P-P}$)"上，分别调节两通道的"POSITION-V"即可，示波器上将显示两个完全相同的 1kHz、$2V_{P-P}$ 矩形波。

至此，示波器校准完毕。

活动二：交流电压的测量

一、交流电压幅度的测量

从信号发生器上提供一定频率、一定幅度的正弦波，将 Y 轴输入耦合方式开关置于"AC"位置，调节"VOLTS／DIV"旋钮，使波形在屏幕中的显示幅度适中，调节"LEVEL"旋钮使波形稳定，分别调节 Y 轴和 X 轴位移，使波形显示方便读取，如图 4.34 所示。根据"VOLTS／DIV"（V/DIV）挡位指示值和波形在垂直方向显示的坐标格数（DIV），即可读出输入信号的峰峰值，并按下式计算，与信号发生器上指示的峰峰值比较。

$$V_{P-P} = 挡位指示值(V/DIV) \times 垂直方向所占格数(V)$$

其有效值计算关系按下式计算：

$$V_{有效值} = \frac{V_{P-P}}{2\sqrt{2}}$$

通过毫伏表测量信号发生器产生的信号有效值与计算出的有效值比较。

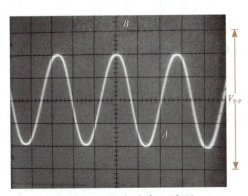

图 4.34　正弦交流电压波形

二、交流电压的频率（或时间）测量

对某信号的周期或该信号任意两点间时间参数的测量，可首先按上述方法操作，使波形获得稳定同步后，根据信号周期或需要测量的两点间在水平方向的距离乘以"TIME/DIV"旋钮的指示值获得，当需要观察该信号的某一细节时，可将"×10扩展"键按下，但此时测得的值应除以10。

测量两点间的水平距离，按下式计算出信号周期 T 或时间间隔：

$$时间间隔（s）= \frac{两点间的水平距离（格）\times 扫描时间系数（时间/格）}{水平扩展系数}$$

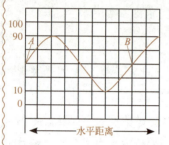

例如，在图4.35所示波形中，测得 AB 两点间的水平距离为8格，扫描时间系数设置为 $2ms/DIV$，水平扩展为×1，则此信号周期 $T = 2 \times 8 = 16(ms)$。

对于重复信号的频率测量，可先测出该信号的周期，再根据频率与周期互为倒数的关系，计算出该信号频率。

图4.35 时间间隔的测量

活动三：测量交流电路中电阻、电容、电感元件上电压与电流之间的关系

一、用示波器测量电阻两端电压与电流的关系

用示波器观测电流波形是通过观测电阻上的电压波形实现的。图4.36所示电路中，为了观测流过电阻 R_1 的电流波形，在该支路上串联一个相对很小的电阻 R_2（取样电阻）。因为电阻上电压与电流同相位，所以电阻上的电压与电流波形相位一致，只是幅值相差约1000倍。这样，用示波器观测取样电阻的电压波形，即可得到支路电流波形。值得注意的是，为了尽量减小串入取样电阻后对原电路的影响，取样电阻的阻值应远小于被测支路的阻抗。

按图4.36连接设备，测量电阻 (R_1+R_2) 和 R_2 上的波形，观察CH1和CH2通道波形的幅度与相位关系，记录于表4.10。

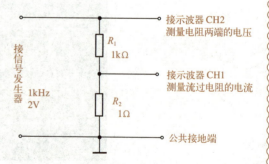

图4.36 测量电阻电压、电流关系

二、用示波器测量电感两端电压与电流的关系

将一个已知电感量（较大）的电感与一个小阻值的取样电阻串联，与感抗相比取样电阻小到可以忽略不计（即不明显影响结果）。

按图4.37所示将信号源、R、L 接在交流电路中，将 R 的 a 端接入双踪示波器 CH1 输入端，将 b 端接双踪示波器 CH2 输入端，公共端 c 接双踪示波器接地端子。

开启信号源，向 RL 串联电路提供交流电源。观察 CH1 和 CH2 通道波形的幅度与相位关系，记录于表4.10。

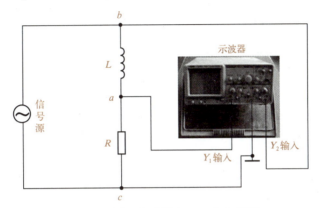

图4.37 测量电感的电压、电流关系

三、用示波器测量电容两端电压与电流的关系

将一个已知大容量的电容与一个小阻值取样电阻串联，与容抗相比取样电阻小到可以忽略不计（即不明显影响实训结果）。

按图4.38所示将信号源、R、C 接在交流电路中，将 a 端接入双踪示波器 CH1 输入端，将 b 端接双踪示波器 CH2 输入端，公共端 c 接双踪示波器接地端子。

开启信号源，向 RC 串联电路提供交流电源。观察 CH1 和 CH2 通道波形的幅度与相位关系，记录于表4.10。

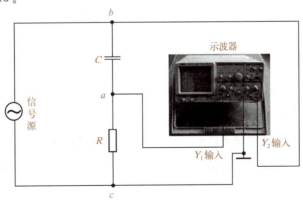

图4.38 测量电容的电压、电流关系

表 4.10 实训结果记录

元件参数		纯电阻电路测量 $R_1=$　　，$R_2=$	纯电感电路测量 $R=$　　，$L=$	纯电容电路测量 $R=$　　，$C=$
信号源	电压（幅值）			
	频率			
示波器的垂直幅度挡位		CH1： CH2：	CH1： CH2：	CH1： CH2：
示波器的时间扫描挡位		CH1： CH2：	CH1： CH2：	CH1： CH2：
电压／电流波形				

4.4 串联交流电路

在实际交流电路中，单一的纯电路是不存在的。只是在某一参数起决定作用时，将其他次要参数忽略了。但在工程技术中，经常有两个或两个以上参数的交流电路，这些参数都将起明显作用而不能忽略。本节我们将讨论两个甚至三个参数串联的交流电路。

4.4.1 电阻、电感串联电路（RL串联电路）

在电气设备中，同时具有电阻和电感的例子很多，如荧光灯电路、变压器和电动机都可以视为电阻、电感串联电路。

1. RL串联电路电流与电压间的相位关系

通过实验和仿真实验得出，以电流为参考量，RL串联电路中电流与各元件的端电压的瞬时表达式为

4.4 串联交流电路

$$\left.\begin{array}{l}i = I_m\sin\omega t \\ u_R = U_{Rm}\sin\omega t \\ u_L = U_{Lm}\sin(\omega t + \dfrac{\pi}{2})\end{array}\right\} \quad (4.25)$$

式（4.25）清楚地表示出了 RL 串联电路中电流与各元件的端电压的相位关系，在 RL 串联电路中电流与总电压之间具有怎样的相位关系？下面通过仿真电路来探索 RL 串联电路的特点。

> **仿真实验** 电阻、电感串联电路中电流与电压之间相位关系分析
>
> 用 EWB 仿真软件搭接如图 4.39 所示的 RL 串联电路仿真实验电路。用交流电源向 RL 串联电路输送 50Hz、10V 的交流电压信号，用示波器 A 通道检测 RL 串联电路总电压的波形，用 B 通道检测电阻两端电压的波形。
>
> 纯电阻电压与电流是同相位的，因此示波器显示的电阻 R 的端电压与总电压的相位关系实质就是 RL 串联电路总电压与电路电流的相位关系，如图 4.40 所示。从示波器显示的波形图 4.40 可以看出，在图 4.39 所示的 RL 串联电路仿真实验中，总电压超前于电流 45°左右。
>
> 经反复试验证明，RL 串联电路总电压总是超前于电流 0～90°的相位角。

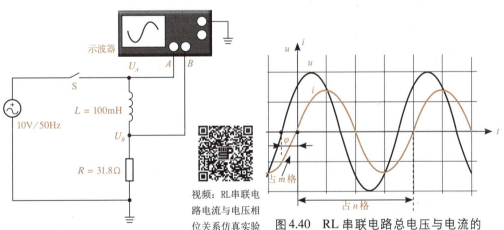

图 4.39 RL 串联仿真实验电路

图 4.40 RL 串联电路总电压与电流的相位关系波形图

> **相位差的计算**
>
> 先从示波器荧光屏上数得一个周期占 n 格，相位差占 m 格，然后用公式
>
> $$\varphi = m \times \dfrac{360°}{n}$$
>
> 就可以计算出相位差 φ（阻抗角），如图 4.40 所示。在图 4.40 中，m = 0.5，n = 4，可以算出 φ = 45°。

2. 总电压与各元件端电压间的数量关系

下面我们通过仿真实验来探索总电压与各元件端电压之间的数量关系。

仿真实验 总电压与各元件端电压间的数量关系

用 EWB 仿真软件搭接如图 4.41 所示的仿真实验电路。用交流电源向 RL 串联电路输送 50Hz、5V 的交流电压信号，用交流电压表检测各元件的端电压与 RL 串联电路的总电压，用交流电流表检测 RL 串联电路中的电流。

实验操作：接通仿真电源，合上开关 S，如图 4.42 所示。把交流电流表与交流电压表的读数及计算得出的 RL 串联电路总阻抗 Z 填入表 4.11。改变 R、L 的值，重复上述操作。

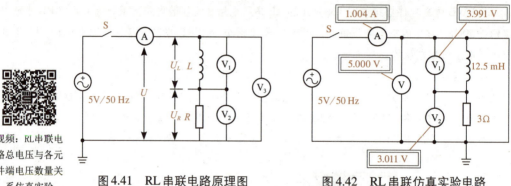

视频：RL 串联电路总电压与各元件端电压数量关系仿真实验

图 4.41　RL 串联电路原理图　　　图 4.42　RL 串联仿真实验电路

表 4.11　RL 串联电路仿真实验相关数据表

R、L值	U/V	U_R/V	U_L/V	I/A	$Z=\dfrac{U}{I}/\Omega$
$R=3\Omega$ $L=12.5\text{mH}$	5	3	4	1	5
$R=8\Omega$ $L=18.8\text{mH}$	5	4	3	0.5	10

由表 4.11 的实验数据可以看出 RL 串联电路具有如下的规律：

1) 总电压的平方等于电阻器端电压的平方与电感器端电压的平方之和，即

$$U^2 = U_R^2 + U_L^2$$
$$U = \sqrt{U_R^2 + U_L^2}$$

2) 电路总阻抗的平方等于电阻器阻值平方与电感器感抗平方之和，

即
$$Z^2 = R^2 + X_L^2$$
$$Z = \sqrt{R^2 + X_L^2}$$

式中，Z——RL 串联电路的阻抗，表示电阻与感抗对交流电共同的阻碍作用，单位为欧姆（Ω）。

3. RL 串联电路的电压三角形与阻抗三角形

(1) RL 串联电路的电压三角形

由仿真实验数据显示的规律可知，RL 串联电路总电压与电阻端电压和电感器端电压满足电压三角形的关系，如图 4.43 所示。如果以 RL 串联电路的电流作为参考矢量，很容易得出如图 4.43(a) 所示的 RL 串联电路的矢量图。矢量图很清楚地表示出电阻端电压与电流同相位，电感器端电压超前电流 90° 的特点。

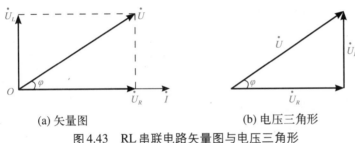

(a) 矢量图　　　　　　(b) 电压三角形

图 4.43　RL 串联电路矢量图与电压三角形

(2) RL 串联电路的阻抗三角形

由仿真实验数据显示出的规律可知，RL 串联电路总阻抗与电阻器的阻值和电感器的感抗满足阻抗三角形的关系，如图 4.44 所示。阻抗三角形也可以由电压三角形的三条边分别除以电流得到。

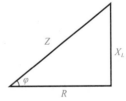

图 4.44　RL 串联电路阻抗三角形

电压、阻抗三角形中的角度 φ，其实就是 RL 串联电路中电流与总电压之间的相位差，其数学计算公式为

$$\varphi = \arctan \frac{U_L}{U_R} \tag{4.26}$$

或

$$\varphi = \arctan \frac{X_L}{R} \tag{4.27}$$

从电压三角形与阻抗三角形可见，RL 串联电路的总电压总是超前于电流小于 90° 的相位角。

4.4.2 电阻、电容串联电路（RC串联电路）

RC串联电路在电子技术中应用尤其广泛，常见的有RC耦合、RC振荡、RC移相电路等。

1. RC串联电路电流与电压间的相位关系

通过前面的实验和仿真可见，在纯电阻电路中，电流、电压同相；在纯电容电路中，电流超前电压90°；在串联电路中，同一时刻电流处处相等。以电流为参考量，RC串联电路中电流与各元件端电压的瞬时表达式为

$$\left. \begin{array}{l} i = I_\mathrm{m}\sin\omega t \\ u_R = U_\mathrm{Rm}\sin\omega t \\ u_C = U_\mathrm{Cm}\sin\left(\omega t - \dfrac{\pi}{2}\right) \end{array} \right\} \quad (4.28)$$

式（4.28）很清楚地表示出了RC串联电路中电流与各元件端电压的相位关系，在RC串联电路中电流与总电压之间具有怎样的相位关系？下面通过仿真实验来探索RC串联电路的特点。

仿真实验 RC串联电路电流与总电压间的相位关系

用EWB仿真软件搭接如图4.45所示的RC串联电路仿真实验。用交流电源向RC串联电路输送50Hz、10V的交流电压信号，用示波器A通道检测RC串联电路总电压的波形，用B通道检测电阻两端电压的波形。示波器显示电阻R的端电压与RC串联总电压的相位关系实质就是RC串联电路电流与总电压之间的相位关系，如图4.46所示。

从示波器显示的相位关系图（图4.46）可以看出，在该仿真实验中，电流超前总电压45°左右。经反复实验可以证明，RC串联电路电流总是超前总电压0°～90°的相位角。

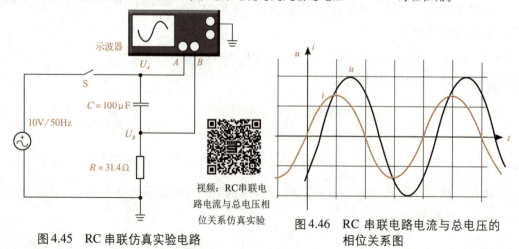

图4.45 RC串联仿真实验电路

视频：RC串联电路电流与总电压相位关系仿真实验

图4.46 RC串联电路电流与总电压的相位关系图

2. RC 串联电路总电压与各元件端电压间的数量关系

RC 串联电路电流总是超前总电压一个小于 90°的角度，下面我们通过仿真实验来讨论总电压与各元件端电压之间的数量关系。

仿真实验 RC 串联电路总电压与各元件端电压间的数量关系

用 EWB 仿真软件搭接如图 4.47 所示的仿真实验电路。用交流电源向 RC 串联电路输送 50Hz、5V 的交流电压信号，用交流电压表检测各元件的端电压与 RC 串联电路的总电压，用交流电流表检测 RC 串联电路中的电流。

实验操作：接通仿真电源，合上开关 S，如图 4.48 所示。把交流电流表与各交流电压表的读数及计算 RC 串联电路得出的串联电路总阻抗 Z 填入表 4.12。改变 R、C 的值，重复上述操作。

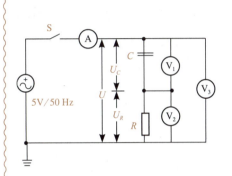

图 4.47 RC 串联电路原理图　　图 4.48 RC 串联仿真实验电路

视频：RC 串联电路总电压与各元件端电压数量关系仿真实验

表 4.12　RC 串联电路仿真实验相关数据

R、C 值	U/V	U_R/V	U_C/V	I/A	$Z = \dfrac{U}{I}$/Ω
$R=3\,\Omega$ $C=786\,\mu\text{F}$	5	3	4	1	5
$R=8\,\Omega$ $C=524\,\mu\text{F}$	5	4	3	0.5	10

由表 4.12 的实验数据可以看出 RC 串联电路具有如下规律：

1) 总电压的平方等于电阻器端电压的平方与电容器端电压的平方之和，即

$$U^2 = U_R^2 + U_C^2$$

$$U = \sqrt{U_R^2 + U_C^2}$$

2) 电路总阻抗的平方等于电阻器阻值平方与电容器容抗平方之和，即

$$Z^2 = R^2 + X_C^2$$

$$Z = \sqrt{R^2 + X_C^2}$$

式中，Z——RC 串联电路的总阻抗，它表示电阻与电容对交流电共同的阻碍作用，单位为欧姆（Ω）。

3. RC串联电路的电压三角形与阻抗三角形

(1) RC 串联电路的电压三角形

由仿真实验数据显示的规律可知，RC 串联电路总电压与电阻器端电压、电容器端电压满足电压三角形的关系，如图4.49所示。如果以 RC 串联电路的电流作为参考矢量，很容易得出如图4.50所示的 RC 串联电路矢量图。矢量图很清楚地表示出电阻端电压与电流同相位，电容器端电压滞后电流 90°的特点。

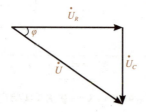

图4.49 RC 串联电路的电压三角形

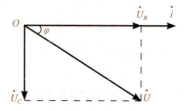

图4.50 RC 串联电路矢量图

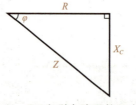

图4.51 RC串联电路阻抗三角形

(2) RC 串联电路的阻抗三角形

由仿真实验数据显示的规律可知，RC 串联电路总阻抗与电阻器的阻值和电容器的容抗满足阻抗三角形的关系，如图4.51所示。阻抗三角形也可以由电压三角形的三条边分别除以电流得到。

电压、阻抗三角形中的角度 φ，其实就是 RC 串联电路中电流与总电压之间的相位差，其数学计算公式为

$$\varphi = \arctan \frac{U_C}{U_R} \tag{4.29}$$

或

$$\varphi = \arctan \frac{X_C}{R} \tag{4.30}$$

4.4.3 电阻、电感和电容串联电路（RLC 串联电路）

RLC 串联电路在电工电子技术应用也非常广泛。为了提高电感性设备如电动机、变压器等对电能的利用率而连接有补偿电容的电路；收音机中为了选择电台而设置的接收选台电路，都是电阻、电感和电容串联电路的应用实例。RLC 串联电路原理图如图 4.52 所示。

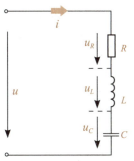

图 4.52 RLC 串联电路原理图

1. 电流与各电压间的相位关系

由前面的实验和仿真可知，在纯电阻电路中，电流、电压同相；在纯电感电路中，电压超前电流 90°；在纯电容电路中，电流超前电压 90°；在串联电路中，同一时刻电流都处处相等。以电流为参考量，RLC 串联电路中电流与各元件端电压的瞬时值表达式为

$$\left.\begin{array}{l} i = I_m \sin \omega t \\ u_R = U_{Rm} \sin \omega t \\ u_L = U_{Lm} \sin\left(\omega t + \dfrac{\pi}{2}\right) \\ u_C = U_{Cm} \sin\left(\omega t - \dfrac{\pi}{2}\right) \end{array}\right\} \quad (4.31)$$

式（4.31）很清楚地表示出了 RLC 串联电路中电流与各元件端电压的相位关系，在 RLC 串联电路中电流与总电压之间具有怎样的相位关系？下面通过仿真电路来探索 RLC 串联电路的特点。

> **仿真实验** RLC 串联电路中电流与总电压之间的相位关系
>
> 在 RC 串联仿真实验电路中再串入一个电感器，就得到了 RLC 串联电路的仿真实验电路，如图 4.53 所示。
>
> 仿真实验表明：当感抗 X_L 大于容抗 X_C 时，电路呈感性，电流滞后于总电压，其电流与电压相位关系如图 4.54(a) 所示；当感抗 X_L 小于容抗 X_C 时，电路呈容性，电流超前总电压，其电流与电压相位关系如图 4.54(b) 所示。
>
>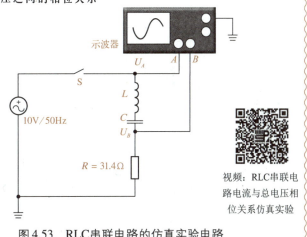
>
> 图 4.53 RLC 串联电路的仿真实验电路
>
> 视频：RLC 串联电路电流与总电压相位关系仿真实验

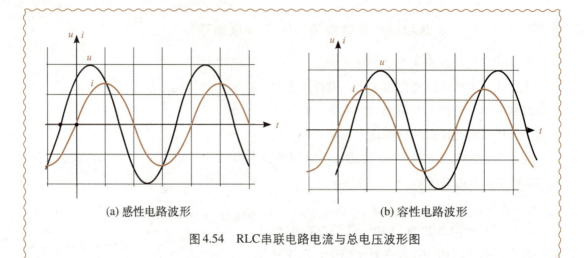

(a) 感性电路波形　　　　　　　　(b) 容性电路波形

图4.54　RLC串联电路电流与总电压波形图

经反复试验证明：RLC串联电路呈感性时，总电压总是超前电流0°～90°的相位角；RLC串联电路呈容性时，总电压总是滞后于电流0°～90°的相位角。

2. 总电压与各元件端电压间的数量关系

我们还是通过一个仿真实验来帮助我们理解总电压与各元件端电压间的数量关系。

仿真实验　RLC串联电路中总电压与各元件端电压间的数量关系

用EWB仿真软件搭接如图4.55所示的仿真实验电路。用交流电源向RLC串联电路输送50Hz、5V的交流电压信号，用交流电压表检测各元件的端电压与RLC串联电路的总电压，用交流电流表检测RLC串联电路中的电流。

实验操作：接通仿真电源，合上开关S，如图4.56所示。把交流电流表与各交流电压表的读数填入表4.13，计算RLC串联电路的总阻抗，改变R、L、C的值，重复上述操作。

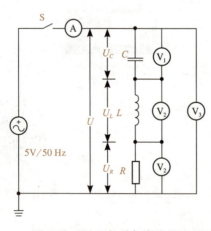

图4.55　RLC串联电路原理图

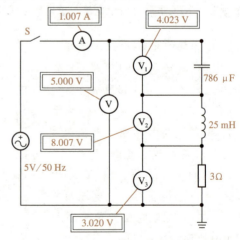

图4.56　RLC串联仿真实验电路图

表4.13　RLC 串联电路仿真实验相关数据

R、C、L值	U/V	U_R/V	U_C/V	U_L/V	I/A	$Z = \dfrac{U}{I}$/Ω
$R = 3\,\Omega$ $C = 786\,\mu F$ $L = 25\,mH$	5	3	4	8	1	5
$R = 3\,\Omega$ $C = 264\,\mu F$ $L = 25\,mH$	5	3	12	8	1	5

视频：RLC串联电路总电压与各元件端电压数量关系仿真实验

由表4.13的实验数据可以看出 RLC 串联电路具有如下的规律：

1) 总电压的平方等于电感器端电压与电容器端电压之差的平方与电阻器端电压的平方之和，即

$$U^2 = (U_C - U_L)^2 + U_R^2$$
$$U = \sqrt{U_R^2 + (U_C - U_L)^2}$$

2) 电路总阻抗的平方等于感抗与容抗之差的平方与电阻器阻值的平方之和，即

$$Z^2 = (X_C - X_L)^2 + R^2$$
$$Z = \sqrt{R^2 + (X_C - X_L)^2}$$

式中，Z——RLC 串联电路的总阻抗，它表示电阻、感抗、容抗对交流电的共同阻碍作用，单位为欧姆（Ω）。

3. RLC 串联电路的电压三角形与阻抗三角形

(1) RLC 串联电路的电压三角形

由仿真实验数据显示的规律可知，RLC 串联电路总电压与电阻器端电压、电感器端电压与电容器端电压之差满足电压三角形的关系，当电感器端电压大于电容器端电压（电路呈感性）时，其电压三角形如图 4.57 所示。如果以 RLC 串联电路的电流作为参考矢量，很容易得出如图 4.58 所示的 RLC 串联电路矢量图。矢量图很清楚地表示出 RLC 串联电路呈感性的特点，电路的总电压超前电流 φ。

当电感器端电压小于电容器端电压（电路呈容性）时，其电压三角形如图 4.59 所示。如果以 RLC 串联电路的电流作为参考矢量，很容易得出如图 4.60 所示的 RLC 串联电路矢量图。矢量图很清楚地表示出 RLC 串联电路呈容性的特点，电路的总电压滞后电流 φ。

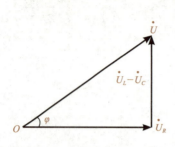

图 4.57　RLC 串联电路的电压三角形（感性）

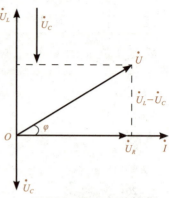

图 4.58　RLC 串联电路矢量图（感性）

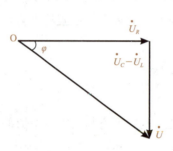

图 4.59　RLC 串联电路的电压三角形（容性）

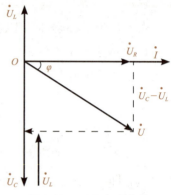

图 4.60　RLC 串联电路矢量图（容性）

(2) RLC 串联电路的阻抗三角形

由仿真实验数据分析探索出的规律可知，RLC 串联电路总阻抗与电阻器的阻值、电感器的感抗与电容器的容抗之差满足阻抗三角形的关系，如图 4.61 所示。阻抗三角形也可以由电压三角形的三条边分别除以电流得到。

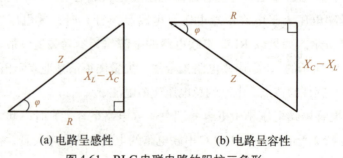

(a) 电路呈感性　　　　(b) 电路呈容性

图 4.61　RLC 串联电路的阻抗三角形

电压、阻抗三角形中的角度 φ，其实就是 RLC 串联电路中电流与总电压之间的相位差，当电路呈感性时，φ 的数学计算公式为

$$\varphi = \arctan \frac{X_L - X_C}{R} \tag{4.32}$$

当电路呈容性时，φ 的数学计算公式为

$$\varphi = \arctan \frac{X_C - X_L}{R} \tag{4.33}$$

当电路中感抗等于容抗（$X_C = X_L$）时，RLC 串联电路呈纯电阻的特性，这种现象称为 RLC 串联谐振。关于 RLC 串联谐振的特点将会在本章知识拓展中介绍。

动脑筋

1. 学生互动：讨论在生活和学习中见到过哪些地方用了 RL、RC、RLC 串联电路。

2. 在 RLC 串联电路中，要使电路呈感性、容性和阻性，各应具备什么条件？

4.5 交流电路的功率

在 RL、RC 及 RLC 串联的交流电路中，它们各个元件上电压之间的关系都遵从矢量运算规律，从而得出了电压三角形。从单一参数交流电路的功率计算中可以知道，电阻上消耗的功率为 $P = IU_R$，电感上因为电感与电源之间进行磁场能与电能之间的交换要占用的无功功率为 $Q_L = IU_L$，电容上因为电容与电源之间进行电场能与电能之间的交换要占用的无功功率为 $Q_C = IU_C$。可见，这几个元件上的功率都等于电压有效值与电流有效值的乘积。由于三个元件的电压遵从矢量运算规律，它们乘上电流后所得的功率亦遵从矢量运算规律。

4.5.1 交流电路功率的概念与计算

在 RLC 串联的交流电路中，电阻上消耗的有功功率为 $P_R = U_R I$，电感上占用的无功功率为 $Q_L = U_L I$，电容上占用的无功功率为 $Q_C = U_C I$。因为 U_L 与 U_C 反

相，属于相减关系，所以在电感和电容上所占用的无功功率为 $Q=Q_L-Q_C=U_LI-U_CI=I(U_L-U_C)$。以 P、Q 作邻边，用平行四边形法则求出电路的视在功率为 S。由 P、Q、S 三边所围成的三角形，叫 RLC 串联电路的**功率三角形**，如图 4.62 所示。

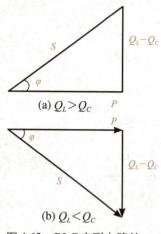

(a) $Q_L > Q_C$

(b) $Q_L < Q_C$

图 4.62 RLC 串联电路的功率三角形

解此三角形即得

$$\left.\begin{array}{l} S=\sqrt{P^2+Q^2}=\sqrt{P^2+(Q_L-Q_C)^2}=IU=I^2Z \\ P=I^2R=IU\cos\varphi \\ Q=I^2X=I^2(X_L-X_C) \\ \varphi=\arctan\dfrac{Q}{P} \end{array}\right\} \quad (4.34)$$

如果交流电路中只有两个元件，如 RL、RC，则它们的功率三角形将演变成如图 4.63 所示的两组三角形。各相关参数的运算关系满足于直角三角形的运算规律，即

在 RL 串联电路中有

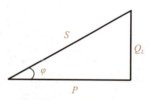

(a) RL 串联电路功率三角形

$$\left.\begin{array}{l} S=\sqrt{P^2+Q_L{}^2} \\ P=S\cos\varphi \\ Q_L=S\sin\varphi \\ \varphi=\arctan\dfrac{Q_L}{P} \end{array}\right\} \quad (4.35)$$

在 RC 串联电路中有

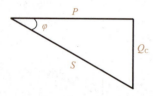

(b) RC 串联电路功率三角形

图 4.63 两个元件串联电路的功率三角形

$$\left.\begin{array}{l} S=\sqrt{P^2+Q_C{}^2} \\ P=S\cos\varphi \\ Q_C=S\sin\varphi \\ \varphi=\arctan\dfrac{Q_C}{P} \end{array}\right\} \quad (4.36)$$

4.5.2 功率因数

在交流电路的功率计算中，有功功率所占比例越大，电能的利用率越高。为了衡量电能利用率的高低，我们引入了**功率因数**的概念，用 $\cos\varphi$ 表示，**功率因数在数值上等于有功功率与视在功率之比**，即

$$\cos\varphi=\dfrac{P}{S} \quad (4.37)$$

式中，如果 S 一定，P 越大，$\cos\varphi$ 越大，功率因数越高，电能利用率也越高。

【例4.3】 在电子设备中,有一只电阻 $R = 4\Omega$,电感 $L = 25.4\text{mH}$ 的线圈,与电容 $C = 637\mu\text{F}$ 的电容器串联。并将其接于 $u = 220\sqrt{2}\sin\left(100\pi t + \dfrac{\pi}{6}\right)\text{V}$ 的交流电路中,试求:有功功率、无功功率、视在功率及功率因数。

解: 从 $u = 220\sqrt{2}\sin\left(100\pi t + \dfrac{\pi}{6}\right)\text{V}$,可得

$$U = 220\text{V}, \omega = 100\pi \approx 314\text{rad/s}, \varphi = \dfrac{\pi}{6}$$

线圈感抗为 $\quad X_L = \omega L = 314 \times 25.4 \times 10^{-3} \approx 8\,(\Omega)$

电容容抗为 $\quad X_C = \dfrac{1}{\omega C} = \dfrac{1}{314 \times 637 \times 10^{-6}} \approx 5\,(\Omega)$

电路阻抗为 $\quad Z = \sqrt{R^2 + (X_L - X_C)^2} = 5\,(\Omega)$

电流有效值为 $\quad I = \dfrac{U}{Z} = \dfrac{220}{5} = 44\,(\Omega)$

电阻电压为 $\quad U_R = IR = 44 \times 4 = 176\,(\text{V})$

电感电压为 $\quad U_L = IX_L = 44 \times 8 = 352\,(\Omega)$

电容电压为 $\quad U_C = IX_C = 44 \times 5 = 220\,(\Omega)$

有功功率 P、无功功率 Q、视在功率 S 与功率因数 $\cos\varphi$ 分别为

$$P = I U_R = 44 \times 176 = 7744\,(\text{W})$$
$$Q = I(U_L - U_C) = 44 \times (352 - 220) = 5808\,(\text{var})$$
$$S = IU = 44 \times 220 = 9680\,(\text{V}\cdot\text{A})$$
$$\cos\varphi = \dfrac{P}{S} = \dfrac{7747}{9680} \approx 0.8$$

答: 该串联电路有功功率为 7744W,无功功率为 5808var,视在功率为 9680V·A,功率因数为 0.8。

4.5.3 提高功率因数的意义和方法

1. 提高功率因数的意义

要节约电能,其中重要的举措之一就是最大限度地提高设备的电能利用率。准确地说就是千方百计降低设备对无功功率的占用,努力提高功率因数,从而提高有功功率在视在功率中的比例。

提高功率因数的重要意义体现在如下两个方面:

1) 提高电气设备对电能的利用率,使设备的容量得到充分利用。如一台容量(即视在功率)为 500kV·A 的发电机,如果它的功率因数 $\cos\varphi = 1$,则它输出的有功功率 $P = S\cos\varphi = 500\text{kW}$。如果它的功率因数 $\cos\varphi = 0.6$,则它输出的有功功率就只有 300kW,说明这台发电机在功率因数为 0.6 时对它额定容量的利用率(有功功率)只有 60%。

2) 提高输电线路对电能的传输效率,减少电压损失,节约输电线路的材料。

在 $P = IU\cos\varphi$ 中,输电线路传输的电流为

$$I = \frac{P}{U\cos\varphi}$$

如果传输功率 P 不变(即传输同样的功率),功率因数 $\cos\varphi$ 越高,则传输电流 I 越小,所需电线的横截面越小,这样就可以用横截面积较小的电线传输同样的功率,节省了电线材料。另外,因传输电流减小,电线的电压损失 $\Delta U = IR$ 也小,一方面节约了电能,另一方面保证了用电设备所需的额定电压。

2. 提高功率因数的方法

电力系统中大量使用感性负载,如各类电机、变压器、荧光灯等,这些感性负载占用无功功率大,所以功率因数较低。技术上为提高电力系统的功率因数,通常采用下面两种方法:

(1) 并联电容器补偿法

在感性电路两端并联适当电容量的电容器,抵消电感对无功功率的占用,从而提高功率因数。

(2) 合理选用用电设备

在电力系统中提高自然功率因数主要是指合理选用电动机,即不要用大容量的电动机来带动小功率负载(俗话说的"不要用大马拉小车")。另外,应尽量不让电动机空转。

实践活动:交流串联电路中的电压、电流相位差的观察与分析

通过这项实践活动,进一步熟悉交流电压表、交流电流表的使用方法;熟悉示波器的使用,会用示波器观察串联交流电路中的电压、电流的相位差。

进行实验前,需注意以下知识点:

1) 交流电压表与交流电流表都不分极性,但测量量程必须大于被测电路电压、电流峰值。

2) 电阻两端电压与流过电阻的电流同相,因此电阻两端的电压与电路中总电压的相位关系就代表了交流串联电路电流与电压之间的相位关系。

一、 检测RL串联交流电路电流及各元件两端电压

1) 搭接实验电路图。按照如图4.64所示的原理图搭接实验电路。

2) 设置实验参数,记录实验数据。让信号发生器给 RL 串联电路输入 50Hz、10V 的正弦波交流电压信号,让交流电压表都置于合适的量程,合上开关 S,将电流表和三个电压表的读数填入表4.14。

实践活动：交流串联电路中的电压、电流相位差的观察与分析

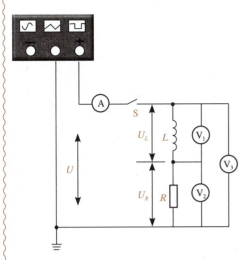

图4.64　RL 串联电路电压、电流相位差的测量

表 4.14　RL 串联电路的测量数据

R、L 值	电流/A	电阻电压/V	电感电压/V	总电压/V
$R = 30\,\Omega$ $L = 100\,\text{mH}$				
$R = 30\,\Omega$ $L = 200\,\text{mH}$				

根据实验表 4.14 中的实验数据画出 RL 串联电路的电压三角形与阻抗三角形。

*3) 改变 R 与 L 的值，重复上面的实验，观察电压三角形与阻抗三角形的变化情况。

二、用示波器检测RL串联交流电路电流、电压的相位关系

1）搭接实验电路。按图 4.65 连接实验电路，图 4.65 中的 A 点接示波器的 CH1 通道，B 点接示波器的 CH2 通道。

2）设置实验参数，记录实验数据，让信号发生器给 RL 串联电路输入 50Hz、10V 的正弦波交流电压信号。合上开关 S，调节"VOLTS／DIV"旋钮与"TIME／DIV"旋钮，观察示波器的波形，将屏幕显示的波形绘入实验表 4.15。读取 CH1 通道显示的总电压的峰值 U_m、CH2 通道电阻端电压的峰值 U_{Rm} 与信号波形的周期 T，计算两个信号波形的相位差 φ，填入表 4.15。

改变 R、L 的值，重复上面的操作。观察波形与相位角 φ 的变化。

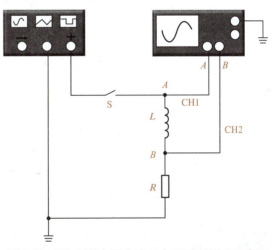

图 4.65　RL 串联电路电流、电压关系测量示意图

173

表4.15　RL串联电路电流、电压相位关系测量数据与波形

R、L值	波形	U_{Rm}/V	U_m/V	T/ms	φ/(°)
$R=30\,\Omega$ $L=100\text{mH}$					
$R=30\,\Omega$ $L=200\text{mH}$					

4.6 电能的测量与节能

交流电通过电路和用电器会做功，将电能转换成其他形式的能。电流做功的多少，怎样进行量度，这就是本节要讨论的问题。

4.6.1 电能测量仪表的应用

1. 认识单相感应式电能表的面板结构

电能表又称电度表或火表，是一种量度家庭、单位在某段时间内使用电能多少的累计式电工仪表。根据测量电能的相数不同，电能表分为单相电能表和三相电能表；根据测量原理的不同，电能表又分为感应式电能表和电子式电能表。

单相感应式电能表面板结构简单，如图4.66(a)所示，从上向下看依次是读取用电度数的长方形窗口，窗口下边是该表的量度单位kW·h（度），而且用数字如2400r／kW·h来表明每用一度电（1kW·h）时表内铝盘的转数。下面4(8)A、5(10)A、10(20)A、20(40)A等读数是该表的量程，括号内的数字表示这块表

(a) 实体照片　　(b) 面板结构

图4.66　单相感应式电能表

的极限量程。图4.66(b)是它的面板结构。

2. 用电度数的计量

某一段时间的用电度数从表的方框中读取，如图4.67所示。其中，黑色方框内表示个、十、百、千位的整数度数，红色方框（图4.67中以灰底表示）是不足一度电的十分位、百分位的小数。

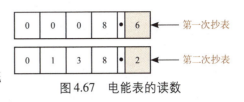

图4.67 电能表的读数

通常电能表装好后，应记下原有读数作为计量用电量的起点，称为**底度**。第二次所得读数与底度之差即为两次抄表时间间隔内的用电度数（kW·h）。电业部门在计算电费时，一般以整数的kW·h为准，余下的小数在下次抄表时累计。图4.67中，底度为8度，第二次抄表时读数为138度，说明这两次抄表时间间隔内用电130度。

4.6.2 新型电能表简介

感应式电能表结构简单，使用维修方便，但在计量电能时准确度较差。特别是大电流电能表在负荷很小时，它的铝盘转动缓慢或不转，达不到准确计量的目的，有的还存在潜动现象，因此现在大量推广电子式电能表。其可避免上述弊端。

电子式电能表的显著优点是高精度、高可靠性、高过载、防窃电、低功耗、体积小、质量小，还可编程扩展功能，一表多用，具有双向计量功能。

电子式电能表的种类很多，常见的电子式电能表如图4.68所示。

电子式电能表的安装接线要求与感应式电能表基本相同，特别注意接线时应按照接线盒背面的电路图进行操作。

图4.68 常见的电子式电能表

4.6.3 节约用电技术

在生活生产的各个领域都应该大力开展节约用电的行动，在此我们将大家经常接触的领域如何开展节约用电的措施做一简单介绍。

1. 照明工程节能

在我国，照明用电占着较重要的地位，在照明领域的节能不可忽视。照明领域可从如下几个方面节约电能：

1) 选用节能灯具，逐步淘汰耗能光源。

2) 推广节电控制器材，如声控开关、光控开关，实现在不需要用电时自动关闭电源。

3) 充分利用自然采光。

4) 充分利用高效反光罩和环境反射面,增强光照效果。

2. 电动机节能

电动机所消耗的电能占全国总发电量的60%~70%,是我国电能消耗最大的电气设备。电动机节能从以下方面着手:

1) 推广、选用节能型电动机,如现在广泛使用的Y系列、YP系列,变频空调、无刷直流电动机等,淘汰老式耗能电动机。

2) 力求使电动机输出功率与被拖动负载的功率配套,避免大功率电动机拖动小功率负载。

3) 使用电容器对电感性负载的补偿,提高功率因数。

知识拓展　串联谐振电路

视频:RLC串联
谐振仿真实验

一、RLC串联谐振的特点

实验证明,RLC串联谐振具有如下的特点:

1) 谐振电流 I_0 最大,与信号源电压同相位。

谐振电流计算公式为

$$I_0 = \frac{U}{R}$$

2) 感抗等于容抗。串联电路电流相等,谐振时电感器端电压与电容器端电压相等,可见,此时电感器的感抗与电容器的容抗是相等的,即 $X_L = X_C$。

3) 电路总阻抗最小,呈纯电阻性。

根据阻抗计算公式 $Z = \sqrt{R^2 + (X_L - X_C)^2}$ 可知,当 $X_L = X_C$ 时,阻抗 $Z = R$,为该电路阻抗的最小值。

4) 电阻器端电压等于RLC串联电路总电压,电感端电压与电容端电压相等,等于总电压的 Q 倍,所以串联谐振又叫电压谐振。

品质因数

Q 为该电路的**品质因数**,无单位,其计算公式为 $Q = \frac{X_L}{R} = \frac{X_C}{R}$。可见,RLC串联电路的电阻越小,品质因数越高,电路消耗能量越少,电路品质越好。

二、串联谐振条件与谐振频率

1. 谐振条件

从上面的仿真实验可以看出,当电路呈纯阻性时电路会发生串联谐振,由阻抗计算公式

$Z=\sqrt{R^2+(X_L-X_C)^2}$ 可知，RLC 串联电路发生谐振的条件是感抗等于容抗，即 $X_L=X_C$。

2. 谐振频率

因为 $X_L=2\pi fL$，又因为 $X_C=\dfrac{1}{2\pi fC}$，电路谐振时：

$$X_L=2\pi f_0 L=X_C=\dfrac{1}{2\pi f_0 C}$$

即

$$f_0=\dfrac{1}{2\pi\sqrt{LC}}$$

可见，让RLC串联电路发生串联谐振的频率为 $\dfrac{1}{2\pi\sqrt{LC}}$，我们常常把 $f_0=\dfrac{1}{2\pi\sqrt{LC}}$ 叫做电路的**固有频率**。

> **谐振应用**
>
> 电路的谐振频率跟电阻 R 无关，改变 L，或者改变 C，或者 L 与 C 同时改变，均可以改变电路的谐振频率。在收音机的接收电路中，多是利用改变电容 C 的容量，使本机接收回路频率与外来信号频率一致发生谐振，达到选择电台节目的目的。

三、谐振电路的选择性与通频带

1. 品质因数与电路电流的关系

理论研究证明，RLC 串联电路的品质因数 Q 与电路电流 I 满足下述公式：

$$I=\dfrac{I_0}{\sqrt{1+Q^2\left(\dfrac{f}{f_0}-\dfrac{f_0}{f}\right)^2}} \tag{4.38}$$

式中，I_0——谐振电流，A；

I——电路在任意时刻的电流，A；

Q——品质因数，无单位；

f_0——谐振频率，Hz；

f——与 I 同一时刻的信号源频率，Hz。

从式（4.38）可以看出，在 RLC 串联电路中，电流有效值不仅与该时刻信号源频率 f 有关，还与电路品质因数有关。当电路发生谐振时，$f=f_0$，$I=I_0$，使电流达最大值。当电路频率 f 偏离谐振频率 f_0 后（即 $f<f_0$ 或 $f>f_0$），电流均小于 I_0。在 f 偏离 f_0 后，电流的下降程度受到 Q 值大小的影响。电路电流与频率和 Q 值的关系如图 4.69 所示。从图中可以看出，在频率 f 偏离谐振频率 f_0 以后，Q 值越大，电流衰减越大，曲线越尖锐。也就是说，Q 值越大的电路，对非谐振频率的信号衰减能力很强，而对谐振频率及其邻近频率的信号选择能力越好。所以，电子接收

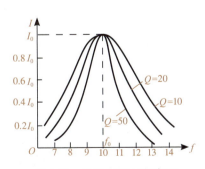

图 4.69 电路电流与频率和 Q 值的关系

设备，如收音机、电视机，就是利用谐振电路的特性来选取电台或电视台的。

2. 通频带 f

谐振电路在选择信号频率时，不可能只选择某个单一频率，这样的选择没有实用价值。在实用技术中，都是要选择一定的频率范围，这个频率范围又叫频带或通频带（图4.70）。

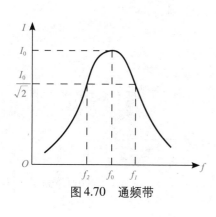

图4.70 通频带

在选择电路的品质因数 Q 时要综合考虑：Q 值越高，电流谐振曲线越尖锐，频带就会很窄，某些有用信号选择不进来，使信号接收质量变差。在实际应用中不仅要求谐振电路对信号足够的选择能力，还要求谐振电路具有一定的频率范围（频带宽度，简称带宽）。

工程技术规定：在谐振曲线上，使电流下降到谐振电流 I_0 的 $\dfrac{1}{\sqrt{2}}$ 倍$\left(即 I=\dfrac{I_0}{\sqrt{2}}\right)$所对应的频率范围称为该谐振电路的**通频带**。用字母 BW 表示，在图4.70中它的通频带为

$$BW = f_2 - f_1$$

理论研究还证明：通频带与谐振频率和 Q 值的关系为

$$BW = \dfrac{f_0}{Q}$$

上式表明：谐振电路 Q 值越高，通频带越窄。

巩固与应用

（一）填空题

1. 交流电的有效值是指在_____效应方面与直流电等效的值。它是最大值的_____倍，其电动势、电压和电流分别用符号_____、_____和_____表示。

2. 正弦交流电的表示方法有_____法_____法和_____法。在计算两个正弦量的和与差时，用_____最简捷。

3. 旋转矢量图的作法：从坐标原点作一条与_____轴重合的有向线段作为参考射线，以旋转矢量起始位置与该射线的夹角为_____，以_____为角速度，绕原点逆时针方向旋转所作出的能反映正弦交流电三要素的矢量图。该矢量的长度表示交流电的_____值，在纵轴上的投影表示交流电的_____值。

4. 在纯电阻电路中，电流、电压的_____值、_____值和_____值之间的关系满足欧姆定律，而在纯电感电路和纯电容电路中，_____值是不满足欧姆定律的。

5. 直流电的频率为_____，周期为_____。

6. 以电流为标准，在不同电路中，电流与电压的相位差是不同的，在纯电阻电路为_____，在纯电感电路中为_____，在纯电容电路中为_____。

7. 在 RLC 串联的电路中，使电路呈阻性的条件是_____，呈感性的条件是_____，呈容性的条件是_____。

8. 在感性负载上提高功率因数的办法是_____。

9. 单相电度表接线部分如图4.71所示，其中①接_____线，②接_____线，③接_____线，④接_____线。

10. 荧光灯主要由_____、_____、_____和_____四部分组成。

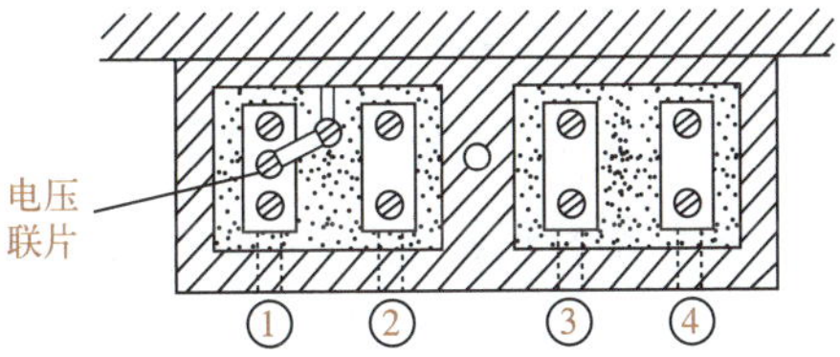

图 4.71 填空题第9题的图

（二）判断题

1. 大小和方向随时间变化的电流都称为正弦交流电。（　　）

2. 旋转矢量不仅能反映正弦交流电的三要素，还能利用它在纵轴上的投影反映出瞬时值。（　　）

3. 在直流电路中，电容器视为开路，纯电感线圈视为短路。（　　）

4. 在电阻元件上，因为电流和电压同相，所以它们的初相位为零。（　　）

5. 电感和电容因为不消耗有功功率，所以被称为储能元件。（　　）

6. 在交流电路中，经常利用电容器对感性负载进行补偿以提高功率因数。（　　）

*7. RLC 串联电路发生谐振时，有功功率等于视在功率。此时功率因数为1。（　　）

8. 荧光灯中启辉器用于灯管点亮后限制电路电流，以延长灯管使用寿命。（　　）

9. 在 RL 串联电路中，总电流总是滞后于总电压的。（ ）

（三）单项选择题

1. 灯泡上标注的100W／220V，指的是（ ）。

　A. 最大值　　B. 有效值　　C. 平均值　　D. 瞬时值

2. 电容器在交流电路中的作用是（ ）。

　A. 隔直阻交　B. 隔直隔交　C. 通直通交　D. 通直阻交

3. 在直角坐标系中，交流电在某一时刻的电角度称为（ ）。

　A. 初相位　　B. 相位差　　C. 相位角　　D. 都不是

4. 两个同频率正弦交流电电流 i_1、i_2 分别为 20A 和 30A 时，它们的总电流为 50A，由此可判定 i_1 与 i_2 之间的相位角是（ ）。

　A. 0°　　B. 90°　　C. 180°　　D. 270°

5. 已知 $i = 6\sqrt{2}\sin\left(314t - \dfrac{\pi}{3}\right)$ (A) 的电流通过4Ω的电阻时，它所消耗的功率为（ ）。

　A. 96W　　B. 128W　　C. 144W　　D. 168W

6. 在感抗 $X_L = 100\Omega$ 的纯电感线圈两端加上 $u = 220\sqrt{2}\sin\left(\omega t + \dfrac{\pi}{6}\right)$ (V)的交流电压后，通过该线圈的电流为（ ）。

　A. $i = 2.2\sin\left(\omega t - \dfrac{\pi}{3}\right)$ (A)　　B. $i = 3.1\sin\left(\omega t - \dfrac{\pi}{3}\right)$ (A)

　C. $i = 2.2\sin\left(\omega t - \dfrac{\pi}{6}\right)$ (A)　　D. $i = 3.8\sin\left(\omega t - \dfrac{\pi}{6}\right)$ (A)

7. 在图4.72所示的 RLC 串联电路中，各元件的参数如图所标，试判定该电路的性质为（ ）。

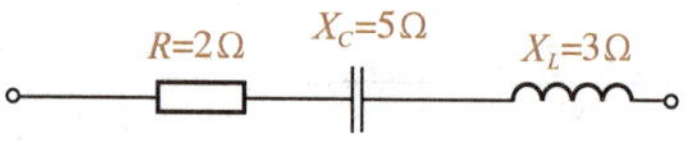

　A. 阻性　　B. 感性　　C. 容性　　D. 都不是

图4.72　单项选择题7的图

8. 在 RLC 串联电路中，已知 $R = X_L = X_C = 10\Omega$，则该电路的阻抗为（ ）。

　A. 10.26Ω　　B. 14.14Ω　　C. 16.68Ω　　D. 10Ω

*9. 使RLC串联电路发生谐振的条件是（ ）。

　A. $L = C$　　B. $\omega L = \omega C$　　C. $\omega L = \dfrac{1}{\omega C}$　　D. $\omega L = \sqrt{LC}$

（四）问答题

1. 通过本单元的学习和实训，你认识了哪些测量交流电路的仪器、仪表？它们各自的用途是什么？

2. 正弦交流电的三要素是指的哪三个量？试说明它们被称为"三要素"的理由。

3. 试说明交流电瞬时值、有效值、平均值和最大值各自的含义及其相互关系。

4. 交流电有哪三种表示法？在计算正弦量的和与差时，用哪种方法最好？为什么？你是怎样从一个旋转矢量上看出交流电三要素的？

5. 一只 220V/100W 的灯泡，分别接于 220V 交流电路和 220V 直流电路，它们的发光强度是否相同，为什么？

6. 为什么在电容器上加上交流电压后电路中就有电流？交流电流能否通过电容器极板间的介质？

7. 在图4.73所示电路中，若正弦交流电电压有效值不变，将电流频率升高1倍后，三只电流表的读数怎样变化？试说明其理由。

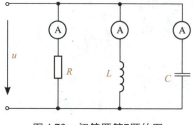

图4.73 问答题第7题的图

*8. 什么叫选择性？什么叫通频带？它们之间有什么关系？

（五）计算题

1. 已知正弦交变电动势 $e = 220\sqrt{2}\sin\left(314t - \dfrac{\pi}{3}\right)$ (V)，试求：该电动势的最大值E_m、有效值E、角频率ω、频率f和初相位φ_0，并指出其中的三要素。

2. 一个220V/2000W的电炉，接于电压 $u = 220\sqrt{2}\sin\left(100\pi t + \dfrac{\pi}{3}\right)$ (V)的单相交流电源上。
(1) 画出电压、电流的波形图和矢量图；(2) 设每天使用3h，每月按30天计，每月能用多少电能？

3. 有一线圈，电阻小到可以忽略不计，现将它接于220V、50Hz 的交流电源上，测得通过该线圈的交流电流为2A，试计算该线圈的自感系数L。

4. 在 $u = 100\sqrt{2}\sin\left(100\pi t - \dfrac{\pi}{3}\right)$ (V)的交流电源上，接入$C = 100\mu F$的电容器，试计算：(1) 流过该电容器的电流有效值；(2) 画出电流、电压波形图和旋转矢量图；(3) 当电源频率变为100Hz 时电路的容抗是多少？电流有效值有多大？

5. 一台异步电动机，绕组电阻 $R = 9\Omega$，感抗为27.8Ω，将其接在有效值为220V电源上拖动额定负载工作，试计算通过电动机绕组的电流、有功功率、无功功率及功率因数。

6. 在 RLC 串联电路中，已知 $R = 16\Omega$，$X_L = 4\Omega$，$X_C = 16\Omega$，接于电源电压 $u = 100\sqrt{2}\sin\left(100\pi t + \dfrac{\pi}{4}\right)$(V)的交流电源上，试求：电路阻抗、有功功率、无功功率、视在功率和功率因数，画出电流、电压矢量图。

*7. 在 RLC 串联谐振电路中，已知$R = 20\Omega$，$L = 0.1$mH，$C = 100$pF，品质因数 $Q = 150$，交流信号源电压有效值 $U = 1$mV，试求：电路谐振频率、谐振阻抗、谐振电流。

（六）实践题

1. 用 300V 交流电压表分别测量正常工作的荧光灯灯管两端电压和镇流器两端电压，再算出它们的算术和与矢量和，看它们与电源电压有何关系？

2. 从实验室空调器铭牌上记下它的额定功率（有功功率），用万用表测出空调器两端电压，再用钳形电流表测出该空调器的工作电流，看能否粗略估算出该空调器的功率因数。

实训项目 4 常用电光源的认识与荧光灯的安装

实训目的 1. 认知常用照明电光源。
2. 了解常用电光源的结构。
3. 熟悉常用电光源的应用场合，会安装荧光灯。

实训器材 1. 认识常用电光源所需器材：白炽灯、普通荧光灯、节能灯、碘钨灯、高压汞灯、高压钠灯、LED节能灯等。
2. 荧光灯安装部分器材：电工木板、荧光灯管、荧光灯配套灯座、镇流器、辉光启动器、辉光启动器座、电源平开关各1个；BVS两色导线适量；MF47型万用表1块；试电笔、一字形螺钉旋具、十字形螺钉旋具、钢丝钳、剥线钳、电工刀。

实训任务 本实训项目的任务有三项：认识常用电光源、荧光灯的安装和荧光灯线路常见故障的排除。

任务一 认识常用电光源

常见的电光源有白炽灯、普通荧光灯、节能灯、LED节能灯、碘钨灯、高压汞灯、高压钠灯、金属卤化物灯等。

1. 常用与新型电光源

(1) 白炽灯

白炽灯是靠钨丝白炽体的高温热辐射发光的一种电光源。在所有的照明灯具中，白炽灯是效率最低、成本最低、价格最低、产量最大、应用最广泛的电光源。

普通灯泡额定电压一般为220V，功率为10～1000W，灯头有卡口和螺口之分。

低压灯泡额定电压为6～36V，功率一般不超过100W，用于局部照明、手持式照明和特殊场所照明。

白炽灯抗振性差、易碎、表面温度高，平均寿命一般为1000h，它所消耗的电能只有12%～18%可转化为光能，其余部分都以热能的形式散失。

(2) 普通荧光灯

荧光灯俗称日光灯，是一种气体放电光源，它是目前应用广泛的一种电光源，其特点是光效高、使用寿命长、光谱接近日光、显色性好，缺点是功率因数低，有频闪效应，不宜频繁开启。

荧光灯广泛应用在图书馆、教室、隧道、地铁、商场等对显色性要求较高的场所。

(3) 节能灯

节能灯又称紧凑型荧光灯（国外简称CFL灯）。由于它具有光效高（是普通灯泡的5倍，节能效果明显）、使用寿命长（是普通灯泡的8倍）、体积小、使用方便等优点，受到各国的重视和欢迎。我国于1982年成功研制出了SL型紧凑型荧光灯，多年来，荧光灯的产量迅速增长，质量稳步提高，国家已经把它作为重点发展的节能产品进行推广和使用。节能灯的种类繁多，外形结构各不相同，但其基本工作原理类同。实训图4.1所示是常见的节能灯。

实训图4.1　常见的节能灯

节能灯不存在白炽灯那样的电流热效应，能量转换效率也很高。节能灯主要应用于一般照明、小面积照明的场合。

(4) 无极荧光灯

无极荧光灯是1995年开始由福建源光亚明电器有限公司自主研发的具有独立知识产权和专利的最新照明光源。它的显著特点是使用寿命长（平均10万小时），维修量极小；光效高，启动快（通电即亮）；功率因数大于98%；无闪烁，低光衰，恒功率（电源电压波动10%时，功率变化小于3%）；适用范围广，无环境污染等。它去除了制约使用寿命的灯丝和电极，所以使用寿命长。其工作原理是照明所用功率通过变压器耦合将电能传输到灯管内，使游离汞和惰性气体混合蒸气电离形成等离子体而辐射出紫外线，紫外线激发灯管壁的荧光粉即发出可见光。

无极灯的结构主要由三个部分组成，即电子镇流器（高频功率发生器）、功率耦合器（磁环变压器）和灯体泡壳部分（实训图4.2）。

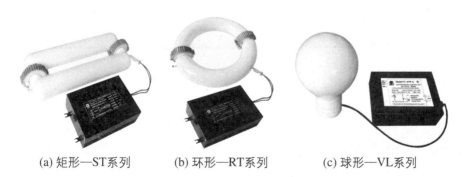

(a) 矩形—ST系列　　　(b) 环形—RT系列　　　(c) 球形—VL系列

实训图4.2　无极荧光灯常用品种

(5) LED 节能灯

LED 节能灯品种繁多，按形状划分，有 LED 带灯、LED 杯灯等；按具体用途划分，有 LED 地埋灯、LED 轮廓灯、LED 投光灯等。实训图 4.3 所示是 LED 杯灯和 LED 带灯。

实训图 4.3　LED 杯灯和 LED 带灯

当前 LED 节能灯已得到广泛应用，由最初仅作为仪器、仪表的指示光源，发展到作为汽车车灯、居家照明、交通信号灯、建筑物泛光装饰照明、台灯、手电筒等。LED 节能灯的应用在快速普及和发展，我国已将其作为重点发展的节能产品。

LED 节能灯有以下几个特点：
1) 电源电压一般为 6～24V，特别安全，适用于公共场所。
2) 消耗电能是同光效的白炽灯的 20%。
3) 单元体积较小，所以可以制备成各种形状的器件，并且适合于多种复杂环境。
4) 使用寿命长，一般为 10 万小时。
5) 响应时间快，白炽灯的响应时间为毫秒级，LED 节能灯的响应时间为纳秒级。
6) 对环境没有任何污染。
7) 可以变色，实现多色发光。如小电流时为红色，随着电流的增加，可以依次变为橙色、黄色，最后为绿色。

(6) 碘钨灯

碘钨灯外形图如实训图 4.4 所示。它的发光效率比白炽灯高 30%。碘钨灯必须水平安装，倾斜角不得大于 4°，工作时的管壁温度可高达 600℃，不能与易燃物接近。灯脚的引入线必须采用耐高温的导线。碘钨灯灯管的外形结构如图 4.5 所示。

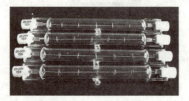

实训图 4.4　碘钨灯外形图

实训项目4 　常用电光源的认识与荧光灯的安装

实训图 4.5 　碘钨灯管的外形结构

(7) 高压汞灯

高压汞灯与荧光灯一样，同属气体放电光源。但是，它具有较高的光效、较长的寿命、较强的抗振性能，其缺点是辨色率较差。实训图 4.6 所示是高压汞灯的外形图。高压汞灯由内涂荧光粉的玻璃外壳、石英放电管、主电极、启动电极、电阻等组成，如实训图 4.7 所示。

实训图 4.6 　高压汞灯外形图

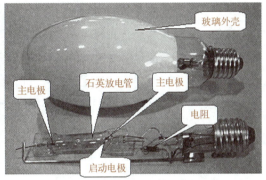

实训图 4.7 　高压汞灯结构图

接通电源时汞灯内的主电极与相邻电极产生辉光放电，使气体电离产生大量电子和离子，造成两主电极之间发生弧光放电，产生大量热量，随着时间延长，放电管内温度升高，促使液态汞不断气化，汞蒸气压力和管内电压同时升高，液态汞全部蒸发后，在管内形成高压汞蒸气放电，发出可见光和紫外线，紫外线激发玻璃灯泡内壁上的荧光粉，便发出较强的可见光。

高压汞灯在熄灭后，不能马上再次点燃，通常需 5～10min 后才能再次发光。高压汞灯适用于较大面积的照明，对色还原要求不高的场合，如街道、广场、没有色差要求的仓库、车间等。

(8) 高压钠灯

高压钠灯是利用钠蒸气放电的电光源。实训图 4.8 所示是高压钠灯的外形图。高压钠灯的光效比汞灯更高，使用寿命更长，但在刚启动时，高压钠灯的光色呈橘黄偏红，经过一段时间稳定后光色转白。实训图 4.9 所示是高压钠灯的结构示意图。

高压钠灯的触发启动有两种方法：一种是利用装在灯管内的双金属片受热后触点断开的瞬间产生脉冲高压，使两电极击穿灯泡内气体放电来启动、点

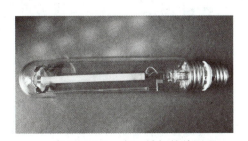

实训图 4.8 　高压钠灯的外形图

亮钠灯;另一种是靠灯管外接电子触发器,产生高压脉冲,同样使两电极击穿灯泡内气体放电来启动点亮钠灯(采用这种启动方法的高压钠灯称外触式的高压钠灯)。高压钠灯的光线穿透性很强,适用于多雾、多尘的场合,广泛用于街道、桥梁等大型露天场地的照明。

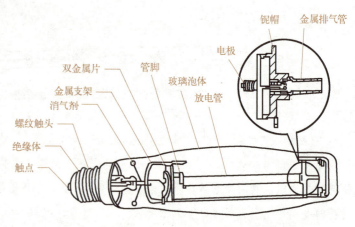

实训图4.9　高压钠灯的结构示意图

(9)金属卤化物灯

氟、氯、溴、碘等元素统称为卤素,它们的化合物称为卤化物。金属卤化物灯简称金卤灯,因灯泡内充入了卤素与金属的化合物而得名。其外形图如实训图4.10所示。它的构造、发光原理与荧光灯、高压汞灯类似。金属卤化物灯主要有两类:一类是在灯泡内充以碘化钠、碘化铊、碘化铟的,称金属卤化物钠铊铟灯,其结构图如实训图4.11所示;另一类是在灯泡内充以碘化镝、碘化铊的,称金属卤化物镝铊灯,其结构图如实训图4.12所示。

实训图4.10　金属卤化物灯外形图

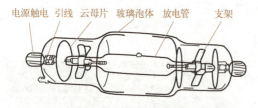 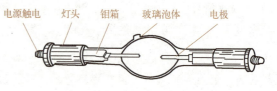

实训图4.11　钠铊铟灯结构图　　　实训图4.12　镝铊金卤灯结构图

金属卤化物灯的启动电流较小,但是启动时间较长。金属卤化物灯在熄灭后,须等待约10min后才能重新启动。

金属卤化物灯主要应用于大面积照明，如体育馆、剧场、广场、车间、大型超市等。金属卤化物灯的显色性较好，故应用于对显色性要求较高的场合。

2. 常用与新型照明电光源的性能

实训表4.1对常用的一些电光源作了对比。请将电光源识别记录填入实训表4.2。

实训表 4.1　常用照明电光源的特点

种类	优点	缺点	适用场合
白炽灯	结构简单，显色性好，功率因数高，价格低，使用、维修方便	光效低，使用寿命短，不耐振，能耗高	频繁开关，对照度要求不高的室内照明
荧光灯	光效较高，使用寿命长，显色性较好	附件较多，不能频繁开关	办公室、会议室、商店等
节能灯	光效高，节能	频繁开关会影响使用寿命	一般照明，小面积照明
LED节能灯	光效高，节能、环保、使用寿命长，安全	成本较高	应用场合极为广泛，小面积照明
高压汞灯	光效高，使用寿命长	价格高，启动时间较长，光源显色性较差，功率因数低	广场、车间、车站码头，对识别颜色要求不高的场合
高压钠灯	光效高，使用寿命长，穿透性好，适用于雾天、多尘环境	光源显色性差，功率因数低，启动时间较长	广场、车间、车站码头，对颜色要求不高的场合
金卤灯	光效高，显色性好	使用寿命短，启动设备复杂	体育馆、剧场、广场、车间、车站码头，对颜色有要求的场合

实训表 4.2　电光源的识别训练记录

种类	特点	适用场合
白炽灯		
碘钨灯		
荧光灯		
节能灯		
高压汞灯		
高压钠灯		
金卤灯		
LED节能灯		

任务二 荧光灯的安装

荧光灯是日常生活中常见的一种灯具。无论是居室、办公室、宿舍还是教室,任何地方都可以看到荧光灯的身影。荧光灯因光线明亮、节省电能、价格低廉而广泛用于各种场所的照明,如办公室、教室、住宅、商店、会场等。

任务目标

本实训是用护套线完成单管荧光灯电路安装。在安装过程中,了解荧光灯的品种规格、整流器的选配,掌握荧光灯的电气线路图及相关的图形、文字符号,进一步掌握相关用电安全知识。灯具的安装可按实训图4.13所示的荧光灯的护套线线路图进行。其中,实训图4.13(a)所示是荧光灯接线图,实训图4.13(b)所示是安装位置及尺寸图,实训图4.14所示是安装后的实物图。

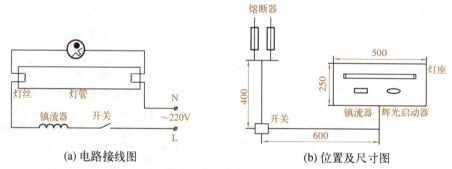

实训图4.13 荧光灯安装电路图

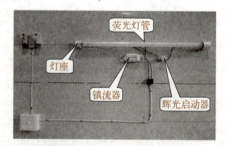

实训图4.14 荧光灯安装完成图

1. 准备工作

材料和工具按实训图4.15所示进行准备。

2. 画出安装图

根据安装要求在安装板上标画出熔断器、接线盒、开关、荧光灯座的位置,标画出护套线的走向及线卡的位置,如实训图4.16所示。

实训项目4 常用电光源的认识与荧光灯的安装

3. 固定器材和安装线路

1) 固定熔断器、接线盒。
2) 敷设护套线线路。

4. 安装灯具

(1) 荧光灯灯座的安装与接线

荧光灯的灯座由一个固定式灯座和一个带弹簧的活动式灯座组成。固定式、活动式的安装接线的方法相似，如实训图 4.17 所示。

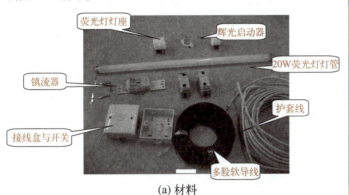

(a) 材料

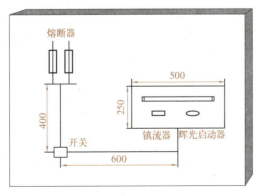

(b) 工具

实训图 4.15　材料和工具

实训图 4.16　标画出安装位置

荧光灯灯座的安装与接线步骤

旋松灯脚与支架螺钉，卸下支架

以灯管2/3的长度截取四根1mm²多股软导线作为荧光灯电路的接线。用剥线钳剥去导线线端的绝缘层，绞紧线芯，制作一个压线圆圈（俗名"羊眼圈"），直径略大于压线螺钉

将压线螺钉旋入灯座的接线端

活动式灯座内有弹簧，接线时先旋松灯座上方的螺钉使灯座与支架分离，完成两股灯座连接导线的压接

将灯脚引线沿灯脚下端缺口引出，旋紧灯脚支架与灯脚的紧固螺钉，恢复灯脚支架与灯座的连接，将灯座固定在安装板上

实训图 4.17　荧光灯灯座的安装与接线

189

(2) 镇流器、辉光启动器的安装与接线

镇流器、辉光启动器的安装与接线的操作如实训图4.18所示。

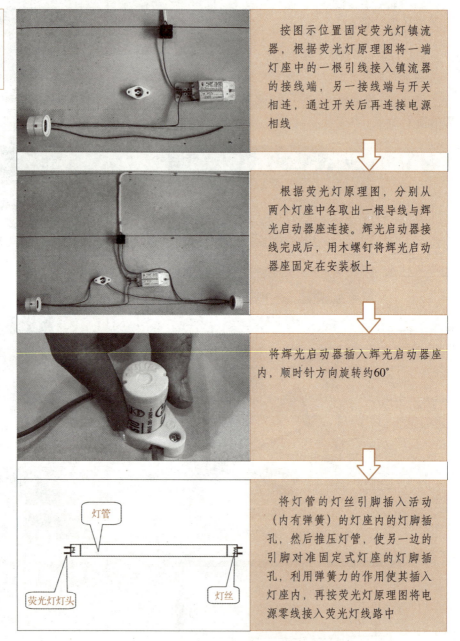

实训图4.18　镇流器、辉光启动器的安装与接线

5. 通电前检验

通电检查线路是否连接正确，线路接头是否连接牢固。

6. 通电检验

接通开关，观察荧光灯的启动及工作情况，正常情况应看到荧光灯管在闪烁数次后被点亮。

实训项目4　常用电光源的认识与荧光灯的安装

知识窗　**电子镇流器荧光灯**

在照明灯具市场，还有一种应用更为普及的电子镇流器荧光灯。它的成本更低，这种镇流器不仅具有电感镇流器的功能，还涵盖了辉光启动器功能，使得它的电路更为简单，其电路图如实训图4.19所示。

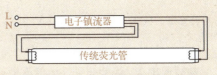

实训图4.19　电子镇流器荧光灯电路图

这种荧光灯在安装上与上述电感镇流器荧光灯基本相同，电子镇流器兼有辉光启动器功能，所以省去了辉光启动器的安装步骤与工艺。

任务三　荧光灯线路常见故障的排除

故障现象1　通电后荧光灯不能发光

荧光灯不能发光的原因通常是灯座接触不良，使电路处于断路状态。可用手将两端灯脚推紧（实训图4.20）。

如果还不能正常发光，应检查辉光启动器。可采用比较法，将该荧光灯的辉光启动器装入能正常发光的荧光灯中，重新接通电源，观察能否点亮荧光灯。如果不能，则应更换辉光启动器。如果能，说明辉光启动器正常，应检查荧光灯管，将荧光灯管拆下，用万用表电阻挡分别测量灯管两端的灯丝引脚，如实训图4.21所示。如果测出电阻

实训图4.20　灯座接触不良

无穷大，说明灯丝已烧断应更换灯管，灯丝的正常阻值应与实训表4.3所列冷态电阻相同或相近。

当灯管正常时，荧光灯出现闪烁一下即熄灭，之后也无法启动的现象，往往是镇流器内部线圈短路造成的。这时可用万用表测量确定（实训图4.22）。如测出的电阻基本为零或无穷大，应更换镇流器。镇流器的冷态电阻见实训表4.4。

实训图4.21　用万用表测量灯管灯丝

实训图4.22　检测镇流器

实训表 4.3　常用规格灯管的冷态电阻

灯管功率/W	6～8	15～40
冷态电阻/Ω	15～18	3.5～5

实训表 4.4　镇流器的冷态电阻

镇流器规格/W	6～8	15～20	30～40
冷态电阻/Ω	80～100	28～32	24～28

故障现象 2　灯管一直闪烁但不能点亮

造成灯管一直闪烁的主要原因是辉光启动器损坏,如辉光启动器中双金属片频繁接通和断开导致损坏,此时应更换辉光启动器。另外,线路出现接触不良(如灯座接触不良)使电路时断时通,也会造成上述现象,此时应检查线路的各个连接点,方法是用万用表按原理图逐点测量,找出故障点,重新连接该点。

本地区电压不稳定也会造成灯管闪烁,此时应使用交流250V挡万用表测量荧光灯的电源电压。解决这一问题可采用交流稳压电源,选取时还应考虑电路的功率。

故障现象 3　灯管两头发红但不能点亮

该故障原因是辉光启动器损坏造成。辉光启动器内双金属片触点粘连或电容器被击穿均会导致这种现象。检查方法是用万用表测量辉光启动器两脚,电阻应趋近于零(正常时为无穷大)。

各小组间互相在线路接头(隐蔽处)和辉光启动器座内设置故障然后交换排除,将排除故障情况记录于实训表 4.5。

实训表 4.5　荧光灯故障排除记录表

故障现象	故障原因分析	检查方法	故障点
灯管不亮			
灯管两头发红但不亮			

故障现象 4　荧光灯在工作时有杂声

荧光灯在工作时有杂声一般是因为镇流器铁心松动,应更换镇流器,更换时应注意镇流器的功率应与荧光灯功率匹配。

> **知识窗**　**荧光灯的原理**
>
> 1. 荧光灯的工作原理
> (1) 灯管、辉光启动器、镇流器的构造
>
> 灯管玻璃管内壁涂有荧光材料,管内抽成真空后充有少量的汞和惰性气体,灯丝上涂有电子发射物质。辉光启动器由氖泡、电容器、外壳等组成,如实训图 4.23 所示。氖泡内装有动触片和静触片,动触片为双金属片,有受热膨胀接通触点的特性。镇流器由线圈、铁心和气隙组成,如实训图 4.24 所示。

(2) 荧光灯的发光原理

实训图 4.25 所示是荧光灯的接线图，在接通电源的瞬间，电流通过开关后沿荧光灯管两端的灯丝，经辉光启动器、镇流器，将电源电压加在辉光启动器动、静触片两端，使动、静触片间产生辉光放电而发热，动触片受热膨胀弯曲与静触片接通，使灯丝通电发热并发射电子。同时，由于辉光启动器两触片已经接触，两触片间的电压为零，放电结束，双金属片冷却复位，使动、静两触片又分断，在两触片分断瞬间，镇流器在强大的电感作用下，两端产生感应电动势，出现瞬间的高压脉冲。在脉冲电动势的作用下，灯管内惰性气体被电离而引起弧光放电，随着弧光放电灯管内温度升高，上述现象重复数次，直至灯管内温度使管内液态汞气化电离，引起汞蒸气弧光放电而产生不可见的紫外线，紫外线激发灯管内壁的荧光粉后发出近似日光色的灯光。

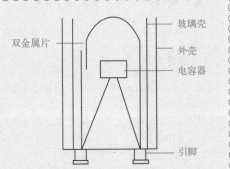

实训图 4.23　辉光启动器结构图

2. 荧光灯的品种规格与灯座种类

(1) 荧光灯的品种规格

荧光灯有多种品种和规格，荧光灯灯管规格以功率标称，有 6W、8W、15W、20W、30W、40W 等多种规格，一旦灯管的功率确定，那么在荧光灯线路中，所需配套的镇流器、辉光启动器都需与灯管的功率数配套。

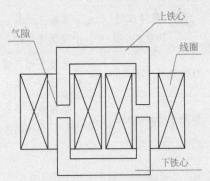

实训图 4.24　镇流器结构图

(2) 荧光灯灯座的种类

荧光灯灯座的作用是固定荧光灯灯管。灯座有多种类型，常用的有开启式和弹簧插入式两种，如实训图 4.26 所示。

目前，整套小功率荧光灯架中的灯座都采用开启式，因为它固定方便，不需使用任何工具直接插入槽内即可，如实训图 4.27 所示。功率较大（15W 以上）的荧光灯座一般用弹簧插入式。

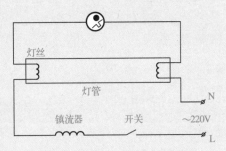

实训图 4.25　荧光灯的接线图

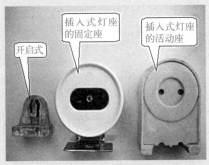

实训图 4.26　荧光灯灯座的种类

实训图 4.27　整套荧光灯架中的灯座

实训成绩评定表,见实训表4.6。

实训表4.6 实训成绩评定表

评定内容	评定标准	自评得分	师评得分
表现、态度（10分）	好10分，较好7分，一般5分，差0分		
安全、文明操作（10分）	安全、正常10分；出现事故、损坏、遗失工具器材，每项扣3分，扣完为止		
电光源识别（20分）	共8种，每种2.5分，识别错误、填表不完整酌情扣分		
灯具、配件布局（20分）	共四个配件，每个布局合理，紧固5分，一个不合理或松动各扣3分，扣完为止		
线路连接（20分）	连接全部正确、接头无松动20分，每错一处或接头松动一处，各扣2分，扣完为止		
排除故障（20分）	每排除一个故障，检测方法正确，10分；检测方法不正确或故障未排除，各扣5分		
总分			

实训指导教师：　　　　　学生：　　　　　完成时间：

实训项目 5　照明电路配电板的安装

实训目的　1. 了解照明电路配电板的组成，了解电能表、开关、保护装置等器件的外部结构、性能和用途。

2. 会安装照明电路配电板。

实训工具　钢丝钳、尖嘴钳、电工刀、电烙铁（带电烙铁支架、焊锡、松香适量）每人一套，万用表一块。

实训器材　单相电能表（4A以下）、单相刀开关（2极10A）、插入式熔断器（10A）、0.28mm的熔丝、配电板300mm×250mm×15mm（木制或硬塑料配电板）、100W／220V照明灯泡（带灯头）各1个；2.5mm BLV导线适量；两极端子排2个；木螺钉6颗。

任务目标

配电板上（实训图5.1）的电能表通常都与开关、熔断器等配电装置一起安装在结实的木板、硬塑料板或金属配电板上，并垂直固定在墙壁上（不垂直会影响计数的准确性）。下边缘离地面高度不得低于1.5m。

单相电能表接线图如实训图5.2所示。在仪表下方有一个专供接线的金属盒，盒内有四个接线插孔，从左至右编号依次为1、2、3、4。其中，1为接相线进，2为接相线出，3为接中性线进，4为接中性线出。

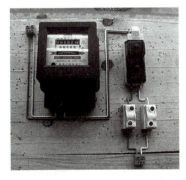

实训图 5.1　实训安装的配电板

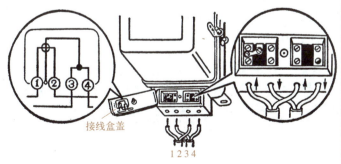

1—接相线进；2—接相线出；3—接中性线进；4—接中性线出。

实训图 5.2　单相电能表接线图

任务一　认识照明配电板的组成部件

1. 单相感应式电能表

单相感应式电能表如图2.11和图4.66所示。

2. 认识刀开关

在家用配电板上,刀开关主要用于控制用户电路的通断。通常用5A、10A、20A、40A等的二极胶盖刀开关,如实训图5.3所示。

刀开关底座上端有一对接线柱与静触头相连,规定接电源进线,底座下端也有一对接线柱,通过熔丝与动触头（刀片）相连,规定接电源出线。这样当刀开关拉下时,刀片和熔丝均不带电,装换熔丝比较安全。

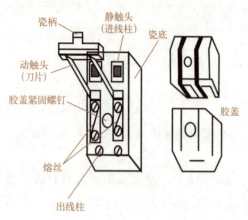

实训图5.3　胶盖瓷底刀开关

注意：安装刀开关时,手柄要朝上,不能倒装,也不能平装,以避免刀片及手柄因自重下落,引起误合闸,造成事故。

3. 熔断器

熔断器在电路短路和过载时起保护作用。家用配电板多用插入式小容量熔断器,由瓷底和插件两部分组成,如实训图5.4所示。熔断器额定电流应与刀开关配套。

用于保护电器的熔断器应安装在总开关的后面,用于线路隔离的熔断器应安装在总开关的前面。

目前,在家用配电板的安装上提倡使用自动开关,因其具有过电流保护、短路保护及漏电保护功能,得到广泛应用。使用自动开关可省去熔断器,安装更为方便,但价格相应较高。

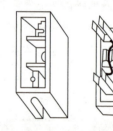

实训图5.4　插入式熔断器

注意：插入式熔断器必须垂直于地面安装,不能横装或斜装。

4. 配电板

市售木质或硬塑料照明电路配电板,大小以能容纳电能表、刀开关和熔断器在其上按安全距离布局为宜。

任务二　安装照明电路配电板

1. 检查配电板上器材

检查配电板及其上所用的器材,并将相关内容填入实训表5.1。

2. 安排及安装配电板面器材

照明配电板结构比较简单,电能表一般装在板面的左侧或上方,刀开关装在右侧或下方。

实训表 5.1　配电板上器材实训记录

配电板（木板或塑料板）				电能表			刀开关		熔断器	
长/cm	宽/cm	厚/cm	材料	型号	规格	转数/度	型号	规格	型号	规格

(1) 在配电板上仪表和器件排列原则

1) 板面上方排测量仪表，各回路的仪表、开关、熔断器互相对应。

2) 各部件安装在配电板上，其位置应整齐、匀称，间距及布局合理。

将电能表、开关、熔断器位置确定之后，用铅笔作上记号，按实训图 5.5 所示将接线图绘制在配电板上。

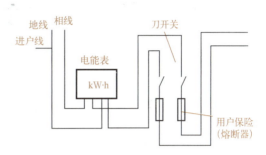

实训图 5.5　照明配电板线路图

(2) 在配电板上元器件的安装工艺要求

1) 在配电板上要按预先的设计进行安装，元器件安装位置必须正确，倾斜度不超过 5mm，同类元器件安装方向必须保持一致。

2) 元器件安装牢固，稍加用力摇晃无松动感。

3) 文明安装，小心谨慎，不得损伤、损坏器材和元器件。

(3) 器件固定

使用电工工具将电能表、刀开关、熔断器及接线端子排等元器件固定在配电板上。

3. 连接线路

1) 选择导线的型号及规格（截面积）。

2) 线路敷设工艺要求：

① 照图施工，配线完整、正确，不多配、少配或错配。

② 配线长短适度，线头在接线柱上压接不得压住绝缘层，压接后裸线部分不得大于 1mm；线头连接要求如实训图 5.6 所示。

③ 凡与有垫圈的接线柱连接，线头必须做成"羊眼圈"，且"羊眼圈"略小于垫圈。"羊眼圈"的连接如实训图 4.17 的第 2 步所示。

④ 线头压接牢固，稍用力拉扯不应有松动感。

⑤ 走线横平竖直，分布均匀。转角成 90°，弯曲部分自然圆滑，弧度全电路保持一致；转角控制

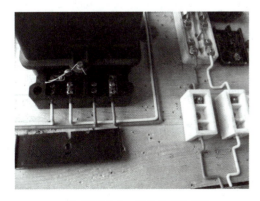

实训图 5.6　线头压接工艺

在 90°±2°以内。

⑥ 长线沉底，走线成束。同一平面内不允许有交叉线。必须交叉时，应在交叉点架空跨越，两线间距不小于2mm。

⑦ 上墙时配电板应安装在不易受振动的建筑物上，板的下缘离地面1.5~1.7m。

安装完工的照明电路配电板如实训图5.1所示。

4. 通电试验

1) 在刀开关上装上 0.28mm 的熔丝，仔细检查线路是否正确，可用万用表检查电源输入输出阻值判断是否短路（测量值为电度表电压线圈阻值），以及线路是否连通。

2) 在刀开关后面由端子排接上一只 100W 的白炽灯泡，将配电板垂直地面并固定。

3) 通电进行观察，将相关内容填入实训表5.2。

实训表5.2　配电板实训数据

导线	型号：_____	规格：_____
电能表	型号：_____；量程：_____；接线盒进出线编号与接线规律：_____	
熔丝	配电板所带电阻性负载为1000W，则选择的熔丝规格为_____比较合适	
通电试验	合上刀开关后灯泡发光是否正常：____	电能表1min内铝盘的转数：____转

实训成绩评定，见实训表5.3。

实训表5.3　实训成绩评定表

评定内容	评定标准	自评得分	师评得分
表现、态度（10分）	好10分，较好7分，一般5分，差0分		
人身、器材安全（10分）	全部正常10分，出现事故酌情扣分		
认识器材（22分）	器材认识：22分，每项2分，出现错误和遗漏酌情扣分		
配电板线路安装质量（40分）	好40分，较好30分，一般20分		
配电板数据（18分）	共6项，每项3分，出错或遗漏酌情扣分		
总分			

实训指导教师：　　　　学生：　　　　完成时间：

单元 5
三相正弦交流电路

单元学习目标

知识目标

1. 了解三相对称电源的概念,了解星形联结的特点,理解相序的概念。
2. 了解我国电力系统的供电制式。
3. 了解三相负载星形和三角形联结时,线电流、相电流及中性线电流之间的关系,以及对称与不对称负载的概念及中性线的作用。
4. 了解三相正弦交流电路的功率。

能力目标

1. 能绘制三相对称电路电压矢量图。
2. 能通过实验验证不对称负载中线的作用。

思政目标

1. 了解我国电力系统的发展历程,激发爱国情怀,坚定道路自信。
2. 培养职业认同感、荣誉感,增强使命感、责任感。
3. 弘扬一丝不苟、精益求精的工匠精神。

单元 5　三相正弦交流电路

5.1　三相交流电源

图 5.1　葛洲坝水电工程水轮发电机组

在较大容量的电力供用电系统中，大量使用的就是三相交流电路，三相交流电路对国民经济的发展起着至关重要的作用。图 5.1 就是葛洲坝大型水轮发电机组，它每年的发电量超过 157 亿度，为国家建设提供了重要支撑。我们将讨论发电机所提供的三相交流电源及三相负载的联结与特点，这是我们学好电类专业课程的重要基础。

5.1.1　三相正弦交流电源的典型结构、相序

三相交流电由三相交流发电机产生，三相交流发电机的外形和结构原理图如图 5.2 所示。从它的结构原理图中可以看出，**三相发电机**主要由**定子**和**转子**组成。在定子铁心槽中，分别嵌放了三组几何尺寸、线径和匝数相同的绕组，它们在圆周上的排列相互成 $120°\left(即 \dfrac{2}{3}\pi\right)$，这三组绕组分别称为 **A 相**、**B 相**和 **C 相**，所以我们又把它称为**三相绕组**，其首端分别标为 U_1、V_1、W_1，尾端分别标为 U_2、V_2、W_2，**各相绕组所产生的感应电动势方向由绕组的尾端指向首端**。转子是一对磁极，在转子铁心上绕有励磁绕组，并采用直流励磁。适当调整转子磁极的形状和励

(a) 发电机组外形

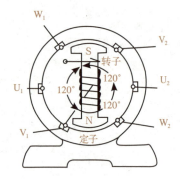

(b) 结构原理图

图 5.2　三相交流发电机的外形及结构原理图

磁绕组的结构与数据，可实现定子与转子之间的空气间隙近似按正弦规律分布。

当转子在其他动力机，如水力发电站的水轮机、火力发电站的蒸汽轮机等的拖动下，按顺时针方向以角速度 ω 匀速转动时，相当于定子中的三相绕组按角速度 ω 做切割转子磁场的磁感线的相对运动，从而在各自绕组中产生感应电动势 e_1、e_2、e_3。因为三相绕组的数据与结构相同，又是用同一速度转动，所以这三相电动势的振幅、频率相同，只是它们之间的相位相差 120°的角度，所以它们在相位上互相之间相差 120°电角度。如果以 A 相绕组的电动势 e_1 为准，则这三相感应电动势的瞬时值表达式为

$$\left. \begin{array}{l} e_1 = E_{\mathrm{m}}\sin\omega t \\ e_2 = E_{\mathrm{m}}\sin(\omega t - \dfrac{2}{3}\pi) \\ e_3 = E_{\mathrm{m}}\sin(\omega t + \dfrac{2}{3}\pi) \end{array} \right\} \qquad (5.1)$$

根据式（5.1），我们可以画出这三相电动势的波形图和矢量图，如图 5.3 所示。

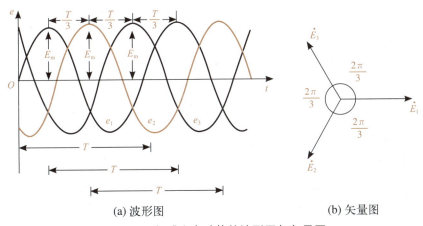

(a) 波形图 (b) 矢量图

图 5.3 三相感应电动势的波形图与矢量图

从图 5.3 可以看出，$\dot{E}_1$ 超前于 $\dot{E}_2$ 的 $\dfrac{2}{3}\pi$（即 $\dfrac{T}{3}$，下同）达最大值，$\dot{E}_2$ 又超前于 $\dot{E}_3$ 的 $\dfrac{2}{3}\pi$ 达最大值，这种以最大值到达时间的先后顺序称为**相序**，在电气工程上，多以 e_1-e_2-e_3 为相序，又叫正相序，在电气设备和线路杆、塔上用黄-绿-红三种颜色分别予以表示，其中，黄色为 e_1 相，绿色为 e_2 相，红色为 e_3 相。

在工程技术上，我们把这种振幅、频率相同，在相位上相差 $\dfrac{2}{3}\pi$ 的

三相电动势称为**对称三相电动势**,能提供这种对称三相电动势的电源称为**对称三相电源**,其中每相绕组所产生的电动势为单独的一相电源,可以独立对外供电。

5.1.2 三相四线制电源

我们知道,发电机的三相绕组有6个端头,U_1、V_1、W_1 为首端,U_2、V_2、W_2 为尾端。如果把三个尾端联结成一个公共点,并用一根导线 N 引出,把三个绕组的首端分别用 L_1、L_2、L_3 引出,如图5.4 (a)所示,这种联结方式所构成的供电系统称为**三相四线制电源**,用符号"Y"表示。

> **知识窗**
>
> 中性线一般是接地的,所以又称为地线;发电机三个绕组首端所引出的导线称为相线,又叫火线。联结 U_1、V_1、W_1 的三根导线分别用黄、绿、红三种色线以示区别,中性线用黑色或白色的导线表示。

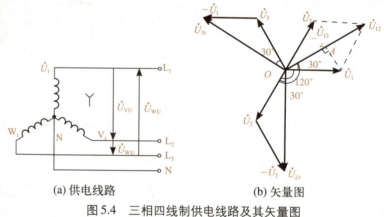

(a) 供电线路 (b) 矢量图

图5.4 三相四线制供电线路及其矢量图

三个尾端所联结的公共点称为**中性点**,又叫**零点**。从中性点引出的导线称为中性线,又叫零线。

三相四线制电源的突出优点是能够输出两种电压:每相绕组首端与中性点之间的电压称为**相电压**,分别用 U_1、U_2 和 U_3 表示它们的有效值,相线与相线之间的电压称为**线电压**,分别用 U_{12}、U_{23} 和 U_{31} 表示它们的有效值。图5.4(b)是各线电压和相电压之间关系的矢量图,从中可以看出如下规律:

线电压矢量 $\dot{U}_{12}$ 由相电压矢量 $\dot{U}_1$ 和 $-\dot{U}_2$ 组成,同理,$\dot{U}_{23}$ 由 $\dot{U}_2$ 和 $-\dot{U}_3$ 组成,所以有

$$\left.\begin{aligned}\dot{U}_{12} &= \dot{U}_1 - \dot{U}_2 \\ \dot{U}_{23} &= \dot{U}_2 - \dot{U}_3 \\ \dot{U}_{31} &= \dot{U}_3 - \dot{U}_1\end{aligned}\right\} \quad (5.2)$$

在直角三角形 $OA\dot{U}_1$ 中,直角边 $OA = \frac{1}{2}\dot{U}_{12}$,所以有

$$\frac{1}{2}\dot{U}_{12} = \dot{U}_1\cos 30° = \frac{\sqrt{3}}{2}\dot{U}_1$$

即

$$\dot{U}_{12} = \sqrt{3}\,\dot{U}_1$$

同理

$$\dot{U}_{23} = \sqrt{3}\,\dot{U}_2$$

$$\dot{U}_{31} = \sqrt{3}\,\dot{U}_3$$

因为三相线电压和相电压的有效值分别相等，所以可以用 U_L 表示线电压，用 U_N 表示相电压，则有

$$U_L = \sqrt{3}\,U_N \tag{5.3}$$

即线电压是相电压的 $\sqrt{3}$ 倍。

从图5.4中还可以看出，三相线电压 U_{12}、U_{23} 和 U_{31} 分别超前各自对应的相电压 U_1、U_2 和 U_3 有 $\frac{1}{6}\pi$ 的相位角。而三相线电压之间互相相差 $\frac{2}{3}\pi$ 的相位角，三相相电压之间也互相相差 $\frac{2}{3}\pi$ 的相位角，所以三相线电压和相电压分别是以中性点为中心对称。

关键与要点

1. 对称三相电动势线电压有效值相等，相电压有效值相等，频率相同，各相之间相位差为 $\frac{2}{3}\pi$。
2. 三相四线制的线电压和相电压各自以中性点为中心对称。
3. 线电压是相电压的 $\sqrt{3}$ 倍，线电压超前于对应相电压 $\frac{1}{6}\pi$ 的相位角。

5.1.3 我国电力系统的供电制式

我国电力系统中，特别是低压供电部分，一般采用星形联结的三相四线制供电，它的供电网络原理图如图5.5所示。从图5.5中可以看出，它可以同时用两种电压向不同用电设备供电，即以线电压和比线电压低 $\sqrt{3}$ 倍的相电压两种电压输出。在我国的低压供电系统中，线电压为380V，相电压为220V，其中线电压供三相动力设备使用，相电压供单相设备和照明器具使用。

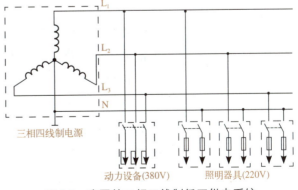

图5.5 我国的三相四线制低压供电系统

5.2 三相负载的星形接法

所谓负载,就是用电设备和器具。三相负载分为对称负载和不对称负载两种,对称负载是指每相负载的大小和性质完全相同,只是相位不同的负载,而三相负载在大小和性质方面有区别的则称为不对称负载。三相负载的联结有星形联结和三角形联结两种,本节我们将讨论应用广泛的星形联结的电路形式和电流、电压的计算。

负载也有三相和单相之分,三相用电设备常用的有三相电动机、三相变压器、功率在5P(1P=850W)及以上的空调器等。

常用三相用电设备的外形如图5.6所示。单相用电设备更为普遍,如家用电器、照明器具等。

(a) 三相电力变压器外形　　　　(b) 三相空调器外形

图5.6　常用三相用电设备的外形

5.2.1　电路的联结形式

这种电路的分析中要用到的符号较多,为了不至于混淆,我们对本节电流电压所用符号进行规定:对于电源,线电压为 U_L,相电压为 U_N;对于负载,线电压为 U_{NL},相电压为 U_{NN},线电流为 I_{NL},相电流为 I_{NN}。

三相负载的星形联结在形式上与三相电源的星形联结相同,即将三相负载 U_1-U_2、V_1-V_2 和 W_1-W_2 的尾端 U_2、V_2、W_2 联结成一点,并与三相电源的中性线相连。将三相负载的首端 U_1、V_1、W_1 分别与三相电源的三根相线 L_1、L_2、L_3 相连,这样的联结称为三相负载的星形联结,如图5.7所示。

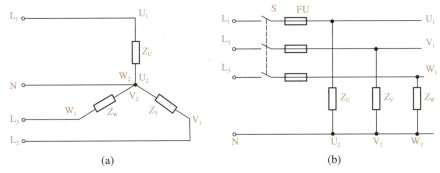

图 5.7 三相负载的星形联结

在这种联结方式中,每相负载都接在电源相线和中性线之间,所以负载两端的电压叫负载的相电压,用 U_{NN} 表示,如果忽略输电线路的电压损耗,则负载的相电压就等于电源相电压,即 $U_{NN} = U_N$,同时负载的线电压也等于电源线电压,所以在三相负载的星形联结中,负载的相电压与线电压之间的关系仍为

$$U_{NL} = \sqrt{3}\, U_{NN} \tag{5.4}$$

5.2.2 三相负载中的电流

通过每相负载的电流叫相电流,分别用 I_{NU}、I_{NV} 和 I_{NW} 表示。由于它们大小相等,一般用 I_{NN} 表示;流过每根相线的电流叫线电流,用 I_U、I_V 和 I_W 表示,它们的大小也相等,一般用 I_{NL} 表示。在三相四线制的交流电路中,因为中性线的存在,所以每一相就是一个独立的交流电路,各相负载上电流电压之间的数量关系和相位关系都可以按照单元 4 所述内容进行分析计算。

这种供电系统中,因为三相电源对称,三相负载也对称,所以它们的相电流相等,即

$$I_{NU} = I_{NV} = I_{NW} = I_{NN} = \frac{U_{NN}}{Z} \tag{5.5}$$

式中,I_{NU}、I_{NV}、I_{NW}——负载 U 相、V 相、W 相的相电流,A;

I_{NN}——相电流的一般符号,A;

U_{NN}——相电压,V;

Z——负载阻抗,Ω。

因为各相的相电流相等,所以只计算一个即可,但必须注意,它们之间的相位差是 $\frac{2}{3}\pi$。

在图 5.7 中,我们用基尔霍夫第一定律来计算中性线电流。

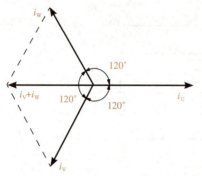

设中性线电流为 I_{YN}，则有

$$\dot{I}_{YN} = \dot{I}_{NU} + \dot{I}_{NV} + \dot{I}_{NW}$$

由于三相相电流之间互相存在 $\frac{2}{3}\pi$ 的相位差，可以作出它们的矢量图，如图5.8所示。

图5.8　星形联结三相对称负载电流矢量图

> **知识窗**
>
> 三相相电流相等，所以它们在中性线上的矢量和 $i_{YN}=0$，即在三相四线制对称负载中，中性线电流为零。所以，在工程技术上为了节省原材料，对这样的用电网络，可以省去中性线，将三相四线制变为三相三线制，其用电接线图如图5.9所示。
>
> 实际上常用的三相电动机、三相变压器都是对称负载，所以它们都可以用三相三线制供电。
>
> 从图5.9中还可以看出，每相负载都是与各自对应的相线串联，所以相线上的线电流就是各负载上的相电流。也就是说，在这种供用电系统中，相电流等于线电流，即
>
> $$I_{NN} = I_{NL} \quad (5.6)$$

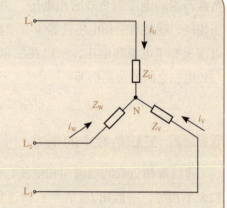

图5.9　三相三线制对称负载用电接线图

*5.3　三相负载的三角形接法

在三相电路的应用中，星形接法应用普遍，而三角形接法的使用范围并不亚于星形接法，特别是大中型三相负载，基本上采用三角形接法。本节将介绍三角形接法的电路联结形式及电压、电流的相关计算方法。

5.3.1　电路的联结方式

如图5.10所示，将三相负载分别接到三相交流电源的每两根相线之间，这种连接方法称为三角形接法，用符号"△"表示。在图5.10中，

图(a)是它的原理图，图(b)是它的实际接线图。

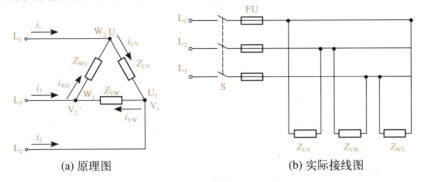

(a) 原理图　　　　　　　　　(b) 实际接线图

图5.10　三相负载的三角形接法

由于三相负载作三角形连接时，每相负载均连接在三相电源的两根相线之间，因此每相负载的相电压与线电压相等，且每相电压是对称的，即

$$U_{12}=U_{23}=U_{31}=U_{NL} \tag{5.7}$$

一般可以写成

$$U_{NL}=U_{NN} \tag{5.8}$$

5.3.2　三相负载中的电流

在三相电路中，对于每相负载来说，都是独立的单相交流电路，各相电压电流之间的数量关系与相位关系遵从单相交流电路的运算规律。

由于三相电路对称，因此流过对称负载各相电流也是对称的，利用单元4所学的单相交流电路的计算方法可知各相电流有效值为

$$I_{12}=I_{23}=I_{31}=\frac{U_{NN}}{Z_{12}}$$

各相电流之间的相位差为 $\frac{2}{3}\pi$。

在图5.10 (a)中应用基尔霍夫第一定律可以求出线电流与各相电流之间的关系为

$$\left.\begin{array}{l}i_1=i_{12}-i_{31}\\ i_2=i_{23}-i_{12}\\ i_3=i_{31}-i_{23}\end{array}\right\}$$

对应的旋转矢量关系依次为

$$\left.\begin{array}{l}I_1=I_{12}-I_{31}\\ I_2=I_{23}-I_{12}\\ I_3=I_{31}-I_{23}\end{array}\right\}$$

由于三相负载对称，各相电流对称，则所作出的各相电流 I_{12}、I_{23}、I_{31} 矢量图如图5.11所示。应用平行四边形法则可以求出其线电流为

$$I_1 = 2I_{12}\cos 30° = 2I_{12} \times \frac{\sqrt{3}}{2} = \sqrt{3}\,I_{12}$$

同理可以求出

$$I_2 = \sqrt{3}\,I_{23}$$

$$I_3 = \sqrt{3}\,I_{31}$$

可见，当三相对称负载作三角形联结时，线电流的大小为相电流的 $\sqrt{3}$ 倍，一般可以写成

$$I_{\triangle L} = \sqrt{3}\,I_{\triangle N} \tag{5.9}$$

线电流的相位比相应相电流滞后 $\frac{\pi}{6}$。

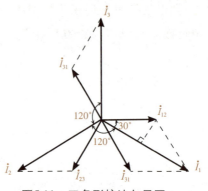

图5.11　三角形接法矢量图

知识拓展　中性线的作用和电路的功率

一、中性线在三相不对称负载中的作用

上面已经说明，在三相对称负载中，中性线电流为零，实际上中性线是不起作用的。但在实际的供用电网络中，由于单相用电的普遍存在，包括家庭的照明和家用电器的用电，导致供电系统大量存在三相不对称负载，如图5.12所示。那么在不对称负载中，中性线又将起着什么作用呢？下面我们用实验予以分析。

该实验电路如图 5.12(a) 所示。在三相负载电路中，将功率为100W、60W、40W的三只灯泡分别接于三相负载电路，然后将该电路接于三相四线制电源，要求电源线电压为380V，相电压220V（与灯泡额定电压一致）。

为了实验的方便，我们在三根相线和中性线上分别接上开关 S_U、S_V、S_W 和 S_N（实际应用中，中性线是不能接开关的）。

当所有开关都闭合时，三只灯泡都能正常发光；如果断开 U、V、W 三相中的任意一相或两

相的开关,只要中性线开关不断,开关闭合的那一相灯泡仍能正常发光。

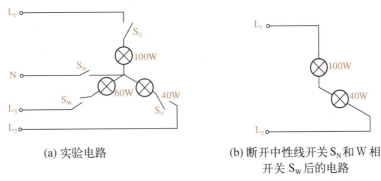

(a) 实验电路　　　　(b) 断开中性线开关 S_N 和 W 相
　　　　　　　　　　　 开关 S_W 后的电路

图 5.12　三相不对称负载

如果断开中性线开关 S_N 和 W 相开关 S_W,则电路演变为图 5.12(b) 所示的串联电路,这时 100W 灯泡和 40W 灯泡串联于两相电源相线 L_1 和 L_2 之间并共同承受 380V 的线电压。由于 40W 灯泡电阻远大于 100W 灯泡电阻,根据串联分压原理,40W 灯泡承受的电压比 100W 灯泡承受的电压高得多,所以 40W 灯泡明亮,而 100W 灯泡暗淡,时间稍长,40W 灯泡可能被烧坏。

中性线在对称三相负载中可以省去,但在三相不对称负载电路中,从上面的实验可以看出,中性线显得非常重要,它不但不能省去,而且中性线上连开关和熔断器都不允许串入。

> **关键与要点**
>
> 这个实验说明:在三相不对称负载电路中,如果没有中性线,各相电压因为负载大小的不同将严重偏离正常值,造成有的相供电电压不足,不能正常工作,而有的相供电电压太高,甚至危及用电器具的安全。

二、三相交流电路的功率

在单相交流电路的学习中我们知道,交流电路的功率分有功功率、无功功率和视在功率三种。由于三相交流电源是对称的,如果三相负载也对称,则三相交流电路的功率即可参照单相交流电路的功率进行计算,再算出三相电路总功率。下面探究这三种功率的计算方法。

在三相交流电路中,**三相负载的有功功率实际上等于各相负载有功功率的和**,即

$$P = P_U + P_V + P_W \tag{5.10}$$

如果已知各相的相电压、相电流有效值及功率因数,则三相负载总的有功功率为

$$P = U_U I_U \cos\varphi_U + U_V I_V \cos\varphi_V + U_W I_W \cos\varphi_W \tag{5.11}$$

式中,φ_U、φ_V、φ_W ——各相的相电压与相电流之间的相位角。

式 (5.11) 可用于三相不对称电路(即各相有功功率不同)功率的计算,可以直接相加求和得到三相电路的总功率。

在对称负载的三相交流电路中,它们的线电压、线电流及相电压与相电流分别相等,且它

们之间的相位角也相等，即

$$U_{NU} = U_{NV} = U_{NW} = U_{NN}$$

$$I_{NU} = I_{NV} = I_{NW} = I_{NN}$$

$$\varphi_U = \varphi_V = \varphi_W = \varphi$$

式中，U_{NU}、U_{NV}、U_{NW} ——各相负载相电压，U_{NN} 为相电压的一般符号，V；

I_{NU}、I_{NV}、I_{NW} ——各相负载相电流，I_{NN} 为相电流的一般符号，A；

φ_U、φ_V、φ_W ——各相相电压与相电流之间的相位角，φ_N 为相电压与相电流之间相位角的一般符号。

所以三相负载总的有功功率为

$$P = 3U_{NN} I_{NN} \cos\varphi \tag{5.12}$$

式（5.12）是用相电压和相电流 U_{NN}、I_{NN} 表示的三相交流电路功率计算公式。在实际中，一般已知的是线电压和线电流，所以三相交流电路的功率多用线电压和线电流 U_{NL}、I_{NL} 表示，因为在三相负载星形联结的电路中，线电压为相电压的 $\sqrt{3}$ 倍，即

$$U_{NL} = \sqrt{3}\, U_{NN}$$

又因为线电流等于相电流，所以上式可表示为

$$P = \sqrt{3}\, U_{NL} I_{NL} \cos\varphi \tag{5.13}$$

式（5.13）即为三相对称负载有功功率的通用计算公式。

1. 无功功率

在交流电路中，无论是三相交流电路还是单相交流电路，它们都存在消耗有功功率的耗能设备和占用无功功率的储能设备。例如，三相感应电动机，它拖动其他工作机械做功要消耗有功功率，且它绕组的感抗必然要占用无功功率，又如，在家庭的用电电路中，凡是有电动机的家用电器如电风扇、洗衣机、空调器、电冰箱等都是既消耗有功功率又占用无功功率的用电器具。所以，在学习交流电路功率时，既要探究有功功率，又要了解无功功率和视在功率。利用有功功率公式（5.13）可以导出无功功率的计算公式为

$$Q = 3U_{NN} I_{NN} \sin\varphi = \sqrt{3}\, U_{NL} I_{NL} \sin\varphi \tag{5.14}$$

2. 视在功率

三相交流电路中的视在功率与有功功率和无功功率的关系，仍然满足功率三角形的矢量运算关系，即

$$S = \sqrt{P^2 + Q^2} \tag{5.15}$$

在对称负载的三相电路中，视在功率为

$$S = 3U_{NN} I_{NN} = \sqrt{3}\, U_{NL} I_{NL} \tag{5.16}$$

如果已知视在功率，则有功功率、无功功率和功率因数分别为

知识拓展　中性线的作用和电路的功率

$$\left.\begin{array}{l}P = S\cos\varphi \\ Q = S\sin\varphi \\ \cos\varphi = \dfrac{P}{S}\end{array}\right\} \quad (5.17)$$

【例5.1】 有一小型三相异步电动机，已知各相绕组的直流电阻为 $R=6\Omega$，感抗 $X_L=8\Omega$，三相绕组用星形联结并接于380V的三相电源上，试计算这台电动机的有功功率。

解： 各相绕组的阻抗为

$$Z = \sqrt{R^2 + X_L^2} = \sqrt{6^2 + 8^2} = 10\ (\Omega)$$

该电动机的相电压为

$$U_{NN} = \dfrac{U_{NL}}{\sqrt{3}} = \dfrac{380}{\sqrt{3}} \approx 220\ (V)$$

该电动机的相电流（等于负载线电流）为

$$I_{NN} = \dfrac{U_{NN}}{Z} = \dfrac{220}{10} = 22\ (A)$$

电动机的功率因数为

$$\cos\varphi = \dfrac{R}{Z} = \dfrac{6}{10} = 0.6$$

这台电动机的有功功率为

$$\begin{aligned}P &= \sqrt{3}\ U_{NL}\ I_{NL}\cos\varphi \\ &= \sqrt{3} \times 380 \times 22 \times 0.6 \\ &\approx 8678\ (W) \approx 8.7\text{kW}\end{aligned}$$

答： 这台电动机有功功率为8.7kW。

> **关键与要点**
>
> 三相负载星形联结时的特点如下：
>
> 1. 线电压是相电压的 $\sqrt{3}$ 倍，线电流等于相电流。
>
> 2. 有功功率：三相负载对称时
> $$P = \sqrt{3}\ U_{NL} I_{NL}\cos\varphi$$
> 三相负载不对称时
> $$P = U_U I_U \cos\varphi_U + U_V I_V \cos\varphi_V + U_W I_W \cos\varphi_W$$
>
> 3. 无功功率：$Q = \sqrt{3}\ U_{NL} I_{NL}\sin\varphi$
>
> 4. 视在功率：$S = \sqrt{3}\ U_{NL} I_{NL}$。
>
> 5. 在不对称三相负载中，中性线不能省去，中性线上也不能安装开关和熔断器。

动脑筋

1. 在因特网上调查：长江上的两大发电站：三峡水电站和葛洲坝水电站各自的发电容量是多少亿度？

2. 电线杆的顶部架设有三根电线，在杆体下部2m左右的高度上，涂有黄、绿、红三种油漆的标志，试问它们代表什么意思？

3. 在你的周围，哪些地方存在对称三相负载？哪些地方又存在不对称三相负载？

实践活动：三相负载星形联结时电压、电流的测试

通过这项实践活动，要掌握三相对称负载和不对称负载星形联结时电压、电流的测试方法；了解三相正弦交流电路中性线的作用。

实践活动需要的设备与器材见表5.1。

表5.1 实践活动需要的设备与器材

名称	数量	备注
三相调压器	1台	
钳形电流表	1块	
交流电压表	1块	可用万用表代替
成套三相对称负载电路板	1块	负载用电动机代替
成套三相不对称负载电路板	1块	负载用500W、300W、100W灯泡代替

(a) 电路原理图　　(b) 电动机星形联结的实际接线图

图5.13　负载（电动机）星形联结电路图

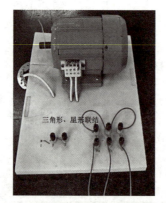

在本实验中，为了便于安全操作，以及测试电压、电流，将三相负载联结在成套控制板上，如图5.13所示。

对称三相负载星形联结电路原理图如图5.13(a)所示，其实物联结图如图5.13(b)所示。

星形接法的三相电路中，线电压是相电压的$\sqrt{3}$倍，而线电流等于相电流，即

$$I_L = I_N; \quad U_L = \sqrt{3}\, U_N$$

一、三相对称负载星形联结电压电流的测量

用一台三相电动机代替三相对称负载，按图5.13所示将负载联结成星形实验电路。按下按钮，测量接通中性线时的线电压、相电压、线电流、中性线电流如图5.14和图5.15所示，将测量结果记入表5.2。

断开中性线开关，测量无中性线时的线电压、相电压、线电流，将测量结果记入表5.2。

实践活动：三相负载星形联结时电压、电流的测试

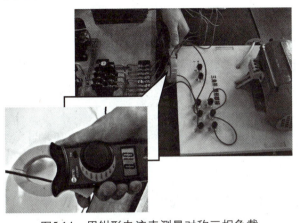

图5.14 用钳形电流表测量对称三相负载星形联结的电流

图5.15 用交流电压表测量U_{UV}、U_{VW}、U_{WU}间电压

表5.2 三相对称负载星形联结实训数据

	线电压／V			相电压／V			线电流／A			中性线电流／A
	U_{UV}	U_{VW}	U_{WU}	U_U	U_V	U_W	I_U	I_V	I_W	I_N
有中性线										
无中性线										
实验结果分析										

二、三相不对称负载星形联结电压、电流的测量

三相不对称负载电路实验电路板如图5.16所示，板上的不对称负载由500W、300W、100W三只白炽灯泡组成。三只灯泡的供电线路和中性线都装有开关。从右至左依次是中性线开关和三根相线开关。在该电路板上进行如下三种数据测量。

图5.16 三相不对称负载星形联结实验电路板

1) 所有开关闭合时测量三相线电压、相电压、线电流、相电流和中性线电流并将测量数据记入表5.3。

2) 断开中性线开关,测量三相线电压、相电压、线电流、相电流和中性线电流并将测量数据记入表5.3。

注意：实验使用的是380V电源,应注意安全。

3) 断开中性线开关和500W灯泡的开关,测量三相线电压、相电压、线电流、相电流和中性线电流并将测量数据记入表5.3中。

从表5.3记录的数据分析三相不对称负载中性线的作用,并解释中性线上不能安开关、熔断器的道理。

表5.3 三相不对称负载星形联结测量数据

	线电压/V			相电压/V			线电流/A			中性线电流/A
	U_{UV}	U_{VW}	U_{WU}	U_U	U_V	U_W	I_U	I_V	I_W	I_N
有中性线										
无中性线										
无中性线且断开500W灯泡的开关										
实验结果分析										

动脑筋

三相负载星形联结时,线电压与相电压、线电流与相电流的关系如何?什么情况下负载采用星形联结?中性线的作用是什么?

巩固与应用

(一) 填空题

1. 三相发电机绕组首端分别用 _____、_____ 和 _____ 表示。

2. 三相发电机绕组之间相差 _____ 角度。

3. 三相发电机绕组星形联结时线电压是相电压的 _____ 倍,线电流是相电流的 _____ 倍。

4. 在我国的三相四线制供电系统中,所用的动力电压是 _____ 电压,数值上等于 _____ V;所用的照明电压是 _____ 电压,在数值上等于 _____ V。

5. 在对称三相四线制供电系统中,已知V相电压瞬时值表达式为 $U_V = U_m \sin\left(100\omega t - \frac{\pi}{4}\right)$ V,则 $U_U =$ _____ V;$U_W =$ _____ V。

6. 三相电动机绕组接成三角形时,线电压是相电压的 _____ 倍,线电流是相电流的 _____ 倍。

(二) 判断题

1. 在对称三相绕组中,线电压超前于相电压 $\frac{2}{3}\pi$。( )

*2. 在对称三相负载电路中,中性线是不能省去的。( )

*3. 在三相四线制电路中,其中一相负载改变,将会给另外两相造成明显影响。( )

*4. 在星形联结的三相电路中,三相负载越接近对称,中性线电流越小。( )

*5. 无论负载是否对称,三相负载中,线电流都等于相电流。( )

(三) 单项选择题

1. 用颜色表示的三相电源的正相序是( )。
   A. 红、黄、绿　　B. 黄、绿、红　　C. 绿、黄、红　　D. 绿、红、黄

2. 在三相电路中,视在功率等于有功功率与无功功率的( )。
   A. 代数和　　B. 代数差　　C. 矢量和　　D. 两者之积

*3. 如果其中一相负载改变,对另外两相均无影响的三相电路是( )。
   A. 星形联结的三相四线制电路　　B. 星形联结的三相三线制电路
   C. 中性线带开关或熔断器的三相四线制电路　　D. 都不是

*4. 能省去中线的星形联结三相电路是( )。
   A. 对称负载　　B. 不对称负载　　C. 使用中可调整的负载　　D. 都不是

(四) 简答题

1. 你在生活中见到过哪些单相用电设备和三相用电设备?

2. 三相对称电动势应该具备哪些条件?

3. 已知三相四线制电源相电压是 6kV,它的线电压是多少?

*4. 为什么不对称三相负载电路中,中性线上不能接熔断器和开关?

(五) 计算题

*1. 有一个三相电阻炉,每相电阻为 22Ω,星形联结,接到线电压为 380V 的三相对称电源上,试求其相电压、相电流和线电流。

*2. 三相对称负载做丫联结,接入电压 380V 的三相四线制电源,每相电阻为 6Ω,感抗为 8Ω,求相电压、线电流和相电流。

*3. 有一三相负载有功功率为 20kW,无功功率为 15kvar,试求该负载的功率因数。

*4. 三相对称负载作 △ 联结,接入线电压为 380V 的三相对称电源,每相电阻为 6Ω,感抗为 8Ω,求相电压、线电流和相电流。

(六) 实践题

1. 考察学校或家庭附近的电力变压器,看它是几根线进、几根线出。请教电工师傅或专业老师,这是为什么。

2. 参观附近的小型工厂或车间,了解那里有多少台电动机,其中,星形联结的有多少,三角形联结的有多少。

综合实训
万用表的组装与调试

训练目标 1. 能识读万用表电路图,了解其结构。
2. 能识别与检测万用表电路元器件。
3. 能装配、调试万用表。

安全规范 1. 安全、文明、规范操作,正确使用工具及仪表。
2. 因为电路比较复杂,必须严格按照工艺规程操作。

知识准备 实训前要求先复习和练习以下内容:
1. 复习电阻器、电容器、电位器、电感器、二极管参数的识读与质量好坏的检测方法。
2. 练习电烙铁在印制电路板上的焊接技术。
3. 复习微安表头扩大量程的相关知识。

实训器材 所用器材如综合实训表1所示,焊接工具与材料如综合实训图1所示。MF47型万用表组装套件如综合实训图2所示。

综合实训表1 实训器材

器材类别	名称及规格	数量
仪表及设备	数字万用表或MF47型万用表(用于检测)、可调电流、电压的低压电源	各1台
工具	通用电子装配工具:斜口钳、镊子、旋具、电烙铁、烙铁架、钢丝钳或扳手	各1
组装材料	MF47型万用表套件(综合实训图2)、9V层叠电池、1.5V 2号电池	各1
其他材料	松香、焊锡丝、电阻若干、二极管、晶体管	适量

综合实训　万用表的组装与调试

(a) 电烙铁

(b) 焊锡丝（焊剂）

(c) 镊子

(d) 助焊剂（松香）

综合实训图 1　焊接工具及其他材料

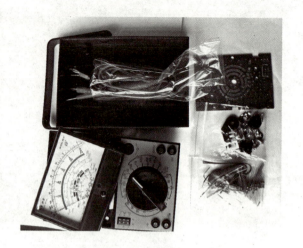

综合实训图 2　MF47 型万用表组装套件

任务一　组装指针式万用表

一、装配前的准备工作

1. 清理元器件及构件

按照如综合实训表 2 所示的 MF47 型万用表材料清单认真清理、核对元器件，认识实物名称、参数、数量及外形，有质量问题及时更换。

综合实训表 2　MF47 型万用表套件清单

名称	参数	数量	误差	类别	名称/规格	数量	备注
电阻器	0.94Ω	1只	±1%	塑料件	面板	1只	
	6.5Ω	1只	±1%		大旋钮	1只	
	10Ω	1只	±1%		小旋钮	1只	
	15Ω	1只	±1%		表箱	1只	
	101Ω	1只	±1%		电池盖板	1片	
	165Ω	1只	±1%		晶体管插座	1只	
	1.11kΩ	1只	±1%		提把	1只	
	1.78kΩ	1只	±1%		提把卡	2只	
	2.65kΩ	1只	±1%		高压电阻套管	1根	
	5kΩ	1只	±1%		提把垫片	2片	
	8.18kΩ	1只	±1%	标准件	螺母 M5	1只	
	17.4kΩ	1只	±1%		螺钉 M3×6	2只	
	21kΩ	1只	±1%		螺钉 M3×5	4只	
	40kΩ	1只	±1%		开口垫片 φ4	1片	
	55.4kΩ	1只	±1%		内齿垫片 φ5	1片	
	83.3kΩ	1只	±1%		弹簧	2只	
	141kΩ	1只	±1%		钢珠 φ4	2只	
	150kΩ	1只	±1%		平垫片	1片	
	360kΩ	1只	±1%		电池正负极片	4片	

续表

名称	参数	数量	误差	类别	名称/规格	数量	备注
电阻器	800kΩ	1只	±1%	零配件	挡位板铭牌（附不干胶）	1张	
	1.8MΩ	1只	±1%		电刷组件	1片	
	2.25MΩ	1只	±1%		插座铜管φ4	4根	
	4MΩ	1只	±1%		晶体管座焊片	6片	
	4.5MΩ	1只	±1%		连接色线	5根	
	6.75MΩ	2只	±1%		MF47表的印制电路板	1块	
	120Ω	1只	±5%	其他材料	使用说明书	1份	
	680Ω	1只	±5%		成品表头46.2μA	1只	
	20kΩ	2只	±5%				
	0.05Ω	1只	线绕		表笔（黑，红）	1副	
电位器	10kΩ	1只	±5%				
二极管	1N4001	4只					
电解电容	10μF	1只					
熔断器管	0.5A	1只					
熔断器管座		1副					

2. 识读万用表电路图

对照MF47型万用表的电气原理图，如综合实训图3所示。将原理图上的实物与电路符号标示一一对应，理解各元器件及输入、输出的线路连接关系。

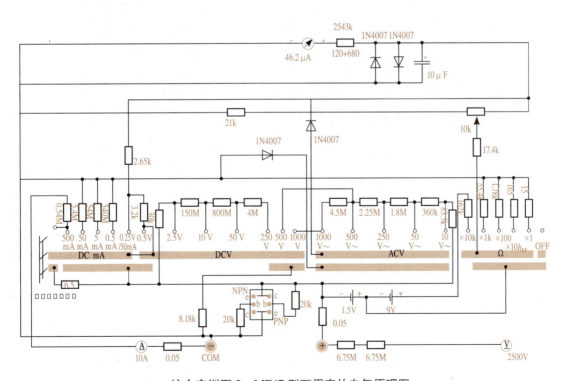

综合实训图3　MF47型万用表的电气原理图

熟悉MF47型万用表电气印制电路图，如综合实训图4所示，检查印制电路上有无划痕、断裂、焊接面是否被氧化等，了解各元器件的实际安装位置。

综合实训图4　MF47型万用表印制电路图

认识特殊元器件与结构件在电路板上的安装方法与位置，如表笔插孔、电位器、晶体管测试插座、熔断器、电刷、转换开关、电池连接线等，如综合实训图5所示。

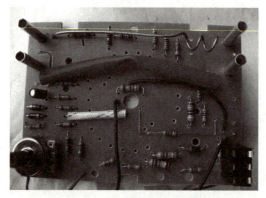 

(a) 表笔插孔、电位器、晶体管测试插座　　(b) 熔断器、电刷、转换开关、电池连接线

综合实训图5　认识MF47型万用表特殊元器件的安装方式

综合实训表3　元器件质量的检查

序号	检查内容
1	元器件外观完整无损，标记清晰，引线无锈蚀和明显氧化
2	电位器调节时旋转平稳，无跳变、卡死现象
3	插接件无氧化、玷污
4	引脚表面光亮，无变色发黑现象
5	必须检测元件好坏。元器件参数应等于或接近标称值

二、装配MF47万用表的电路板

1. 检测、筛选电子元器件

在整机装配中，元器件质量的好坏直接决定整机的性能，因此，元器件质量的检查是非常重要的，对元器件质量的检查要求见综合实训表3。

根据元器件清单，元器件质量的检查方法，将元器件分类，进行元器件的质量检查，其检查列表填入在综合实训表4和综合实训表5。

综合实训表4　元器件检测表（电阻）

序号	外表标志内容（或各道色环的颜色）	识读结果		万用表挡位	检测值	好坏鉴别
		阻值	允许误差			
电阻1						
电阻2						
电阻3						
⋮	⋮	⋮	⋮	⋮	⋮	
电阻n						

综合实训表5　元器件检测表（其他）

类别	外观判断	万用表检测结果	好坏鉴别
电位器			
电容			
二极管			
转换开关			
熔断器管			
表头			

2. 元器件安装前的成形

元器件成形处理的方法与要求，见综合实训表6。

综合实训表6　元器件成形要求

使用工具	尖嘴钳或镊子
要求	电阻、二极管均采用卧式安装，由元器件实际安装位置决定，从离元器件本体2mm以外处开始弯曲引脚，弯曲处成圆弧形，元器件离电路板高度小于1mm，如下图所示。电容、电位器可贴板立式安装 安装上有特殊要求的电阻，按照说明书要求执行
成形示意图	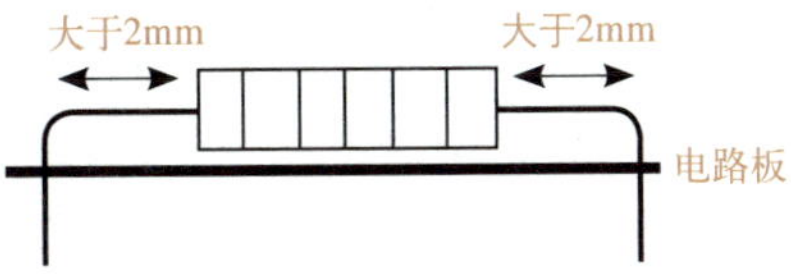 大于2mm　　大于2mm　　电路板

3. 插装、焊接电子元器件

(1) 插装、焊接元器件工艺流程

电路板装配元器件工艺流程如综合实训图6所示。应注意，4MΩ和800kΩ两只电阻悬空1mm安装，便于8.18kΩ的电阻引线从其下面穿过。

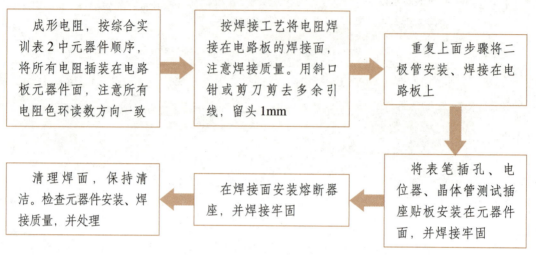

综合实训图6　电路板装配元器件工艺流程

(2) 对焊点的要求

焊点的要求见综合实训表7。

综合实训表7　焊点的要求

序号	要求
1	应有可靠的导电性能
2	应有足够的机械强度
3	焊料适量(焊料过少，影响机械强度，缩短焊点使用寿命；焊料过多，浪费，影响美观，容易短路)
4	焊点应光滑、无毛刺、空隙和其他缺陷（毛刺容易造成尖端放电和高频放电，导致短路）
5	焊点表面清洁

(3) 焊接方法

焊接方法及焊点质量，如综合实训图7所示。

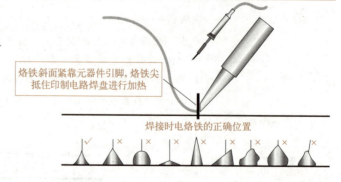

综合实训图7　焊接方式及焊点的正确形状示意图

三、MF47型万用表的整机装配

MF47型万用表的整机装配的步骤如下：

1) 将弹簧、钢珠沾上黄油，弹簧放在前盖指定的两孔中，并将钢珠放在上面，如综合实训图8所示。

2) 揭去挡位板铭牌（附不干胶）不干胶保护层，将其贴在前盖面板对应位置，再将转换开关对应好钢珠放在面板上，如综合实训图9所示。

综合实训图8　安装弹簧、钢珠　　　　综合实训图9　安装挡位铭牌、转换开关

3) 固定转换开关。将前盖翻转置于桌面，开口垫片卡在转换开关转轴的定位槽上，并用钢丝钳或尖嘴钳将开口垫片卡在轴上，如综合实训图10所示。

4) 焊接电池导线。将电池连接线焊接在电路板上，注意正极用较长的红色导线，电池两负极用黑色导线，如综合实训图11所示。

 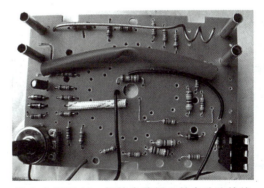

综合实训图10　安装开口垫片　　　综合实训图11　焊接电路板上的电池连接线

5) 固定表头及安装电池接触片。将表头位置对正，固定在前盖上。将电池片卡装在前盖内相应位置，并将电池连接导线焊接在对应的电池片上，如综合实训图12所示。

6) 固定电路板及电刷。先将平垫片装在转换开关的轴上，再将电路板与前盖上的各插孔对准，卡在前盖内。转换开关置OFF挡位，把电刷装在转换开关的轴上，注意此时电刷的三爪对准电路板的"OFF"位，如综合实训图13所示。装上内齿垫片，把螺母旋在轴上，用钢丝钳或扳手旋紧螺母，以固定电刷。最后将表头的正负极两导线焊接在电路板上。

综合实训图12　焊接电池座上的导线

综合实训图13　固定电路板及电刷

7）总装工作完毕后检查。转换开关转动是否灵活，电刷是否接触良好，触点位置是否正确，电池连接线是否连接正确，电路板是否平整，前盖上各构件是否紧固。安装好电池，注意电池有正负极之分，检查电池是否接触良好、牢固。各小组相互交换检查：电路板焊接质量、各配件安装是否正确和良好，记录其优缺点，并评分交流更正。

任务二　调试指针式万用表

1. 表头内阻调试

用一块测量准确的数字万用表作为标准表，调试方法如下：将装配完成的MF47万用表仔细检查一遍，确保安装无误的情况之下，将MF47万用表挡位旋到最小电流挡0.25V／50μA处，用数字万用表测量装配的MF47万用表的"＋""－"插座两端电阻值。该值应在4.9～5.1k之间，如不符合要求，应调整电位器上方680Ω、120Ω两只电阻的阻值，如综合实训图14所示，在电路板的120Ω开口处焊接一只电位器进行调节，直至达到要求为止，此时表头内阻基本调整完毕。

综合实训图14　调节表头内阻

2. 各挡调试

在没有专用设备的情况下，可用一台已调试正常的MF47型万用表所检测的数据，与装配的MF47型万用表所检测的数据比较，即可判断装配的MF47型万用表的性能。只要元器件装配正确、焊接良好、各紧固件到位，此万用表装配好后即可投入使用。

在各挡检测调试时，先从直流电流挡开始，随后是直流电压，交流电压（电压、电流最好在接近满偏值检测），直流电阻（检测中心电阻值）、h_{FE}挡及电池电量检测挡。每挡均从最小挡到最大挡检测。

自装的MF47型万用表测量数值与标准表测量数值进行比较，找出误差值，有较大误差需检修，测量过程可将数值填入综合实训表8，并分析差值，找出问题。

综合实训表 8　自装 MF47 型万用表测量与标准表测量结果比较

被测对象	挡位	自装 MF47 型万用表测量数值	标准 MF47 型万用表测量数值	差值	分析原因
直流电流值	50μA				
	500μA				
	5mA				
	50mA				
	500mA				
	10A				
直流电压值	0.25V				
	0.5V				
	2.5V				
	10V				
	50V				
	250V				
	500V				
交流电压值	10V				
	50V				
	250V				
	500V				
	1000V				
电阻值	$R \times 1$				
	$R \times 10$				
	$R \times 100$				
	$R \times 1k$				
	$R \times 10k$				
晶体管放大系数	NPN 管				
	PNP 管				
电池电量	BATT				

3. 万用表故障检修举例

故障现象：挡位在 500mA 挡，检测一个约 60mA 的直流电流，读数却大于 500mA。

故障分析：测量电流时，电路采用较小的电阻分流，使流过表头的电流不会超过其满偏电流。指针较大偏转，说明 500mA 挡的分流电阻增大或开路。

检修过程：观察 0.94Ω 电阻和 0.05Ω 的康铜丝，外观良好，用万用表在路检测其阻值均较小，可见两电阻正常，挡位置于 500mA 挡，在两表笔插孔检测。其阻值很大，说明是线路问题，再仔细观察，0.05Ω 康铜丝有一焊盘断裂，重新处理焊接，恢复正常检测。

万用表的组装与调试成绩评定表见综合实训表9。

综合实训表9　万用表的组装与调试成绩评定表

评定内容	技术要求	评分细则	自评得分	师评得分
态度、安全（5分）		好5分，较好4分，一般2分，差0分		
元器件识测（15分）	1. 色环电阻正确识别与检测。 2. 电容、二极管和其他构件能检测	1. 不能识别与检测色环电阻，扣10分，能部分识别与检测，酌情扣分。 2. 不能识别与检测电容、二极管，扣5分，能部分识别与检测，酌情扣分。 3. 其他构件不能正确识别，每件扣1分		
元器件插装、焊接（20分）	1. 元器件插装符合工艺要求。 2. 焊接符合工艺要求。 3. 能正确安装各元器件	1. 焊点不规范，每处扣2分。 2. 连线不正确，每处扣5分。 3. 错装元件，每个扣2分		
万用表的总装（25分）	1. 能正确安装各构件。 2. 能按总装图进行安装接线。 3. 能实现相应功能	1. 构件不能正确安装，每处扣2分。 2. 连线不正确，每处扣4分。 3. 不能使万用表实现对应功能，每种扣2分		
万用表的调试与检修（30分）	1. 能正确调测万用表。 2. 能维修万用表	1. 不能调测万用表，扣10分。 2. 不能检修、排除故障，扣10分，能部分调测和维修，按失误比例扣分		
安全操作（5分）	安全文明操作	不能安全文明操作，从总分中扣5分		
总分				
成绩评定				

四、相关链接

参考教材:

《电工技能与实训(第3版)》,曾祥富,北京:高等教育出版社,2011.

《电子技术技能与实训(第二版)》,唐颖,重庆:重庆大学出版社,2010.

巩固与应用

1. 简述装配MF47型万用表的工艺流程,装配中应注意哪些问题?

2. 若检测电阻时,指针不动,可能有哪些原因引起?如何检修?

3. 课外训练:以小组为单位,检修电工实训室有故障的指针式万用表。

主要参考文献

程周，2006. 电工与电子技术 [M]. 2版. 北京：高等教育出版社.

杜德昌，1999. 电工基本操作训练 [M]. 北京：高等教育出版社.

方孔婴，2009. 电子工艺技术 [M]. 北京：科学出版社.

劳动与社会保障部教材办公室，2004. 电子CAD [M]. 北京：劳动出版社.

门宏，2006. 图解电工技术快速入门 [M]. 北京：人民邮电出版社.

聂广林，2007. 电工技能与实训 [M]. 重庆：重庆大学出版社.

聂广林，赵争召，2010. 电工技术基础与技能 [M]. 重庆：重庆大学出版社.

王利敏，2005. 电路仿真与实验 [M]. 哈尔滨：哈尔滨工业大学出版社.

王英，2010. 电工电子技术与技能 [M]. 北京：科学出版社.

杨清德，2008. 轻轻松松学电工（应用篇）[M]. 北京：人民邮电出版社.

曾根悟，等，2002. 图解电气大百科 [M]. 程君实，等译. 北京：科学出版社.

曾祥富，2006. 电工技能与实训 [M]. 2版. 北京：高等教育出版社.

曾祥富，2006. 电工基础 [M]. 2版. 重庆：重庆大学出版社.

曾祥富，2010. 电工技术基础与技能：电类专业通用 [M]. 北京：科学出版社.

张立民，等，2009. 照明系统安装与维护 [M]. 北京：科学出版社.

赵承荻，2001. 电工技术 [M]. 北京：高等教育出版社.

朱余钊，1997. 电子材料与元件 [M]. 成都：成都电子科技大学出版社.

OHM，2006. 电工学入门 [M]. 何希才，等译. 北京：科学出版社.